José Carlos A. Cintra | Nelson Aoki

Fundações por estacas
projeto geotécnico

Copyright © 2010 Oficina de Textos
1ª reimpressão 2011 | 2ª reimpressão 2013 | 3ª reimpressão 2014
4ª reimpressão 2018 | 5ª reimpressão 2022

Grafia atualizada conforme o Acordo Ortográfico da Língua Portuguesa de 1990, em vigor no Brasil desde 2009.

Conselho editorial Arthur Pinto Chaves; Cylon Gonçalves da Silva; Doris C. C. K. Kowaltowski; José Galizia Tundisi; Luis Enrique Sánchez; Paulo Helene; Rozely Ferreira dos Santos; Teresa Gallotti Florenzano

CAPA E PROJETO GRÁFICO Malu Vallim
DIAGRAMAÇÃO Cristina Carnelós
PREPARAÇÃO DE TEXTO Gerson Silva
REVISÃO DE TEXTO Felipe Marques
IMPRESSÃO E ACABAMENTO Mundial gráfica

Dados Internacionais de Catalogação na Publicação (CIP)
(Câmara Brasileira do Livro, SP, Brasil)

Cintra, José Carlos A.
Fundações por estacas : projeto geotécnico /
José Carlos A. Cintra, Nelson Aoki.
-- São Paulo : Oficina de Textos, 2010.

Bibliografia.
ISBN 978-85-7975-004-5

1. Estacas 2. Fundações - Especificações
3. Geotecnia - Especificações I. Aoki, Nelson. II. Título.

10-11500　　　　　　　　　CDD-624.15

Índices para catálogo sistemático:
1. Fundações por estacas : Engenharia de fundações
624.15

Todos os direitos reservados à Editora **Oficina de Textos**
Rua Cubatão, 798
CEP 04013-003 São Paulo SP
tel. (11) 3085 7933
www.ofitexto.com.br
atend@ofitexto.com.br

APRESENTAÇÃO

É surpreendente a carência de obras em língua portuguesa dedicadas a respaldar, conceitualmente, determinadas aplicações corriqueiras de engenharia, como é o caso da Engenharia de Fundações. Por essa razão, o advento do livro *Fundações por Estacas: projeto geotécnico*, de autoria de José Carlos A. Cintra e Nelson Aoki, professores do Departamento de Geotecnia da Escola de Engenharia de São Carlos (EESC-USP), deve ser saudado efusivamente, pois reúne, em linguagem simples e didática, a experiência de mais de trinta anos dos autores no assunto.

O texto aborda temas como capacidade de carga, carga admissível e recalques de estacas, amparados por exercícios resolvidos que permitirão aos interessados elucidar pontos das matérias apresentadas e consolidar os conhecimentos sobre os assuntos tratados.

Além desses aspectos clássicos da Engenharia de Fundações, o livro tem um caráter inovador ao sistematizar os conceitos de segurança e de probabilidade de ruína aplicados ao caso de fundações por estacas, assunto desenvolvido nos últimos anos no seio das pesquisas conduzidas na EESC-USP e cujos aspectos conceituais e ferramental de cálculo são postos agora à disposição dos que militam na área.

O livro mostra claramente a intenção de ser uma obra de apoio para os alunos de graduação em Engenharia Civil e, de fato, aborda parte da matéria de Fundações ministrada aos alunos do curso de Engenharia Civil da EESC-USP. Não obstante, certamente interessará aos profissionais mais experientes, que verão no texto uma oportunidade para meditar sobre os aspectos mais inquietantes apresentados. Os que se iniciam na especialidade encontrarão um caminho pavimentado e de fácil percurso, que lhes permitirá incorporar novos conhecimentos e, certamente, encontrar estímulo para prosseguir nesta instigante especialidade.

São Carlos, junho de 2010

Orencio Monje Vilar
Chefe do Departamento de Geotecnia
EESC-USP

PREFÁCIO

Temos a satisfação de publicar este texto, referente a uma parte das aulas da disciplina "Fundações", que ministramos em dupla por 15 anos, no curso de Engenharia Civil da Escola de Engenharia de São Carlos, da Universidade de São Paulo.

Fazemos a abordagem geotécnica do projeto de fundações por estacas, o que implica tratar dos tópicos clássicos de capacidade de carga, recalques e carga admissível, sem deixar de contemplar o novo, através de um capítulo de probabilidade de ruína, não dos elementos estruturais do estaqueamento (estacas e blocos), mas a probabilidade de ruína associada à capacidade de carga geotécnica da fundação por estacas. Não consideramos nesta obra o tópico do dimensionamento estrutural dos blocos de estacas, que, na Escola de Engenharia de São Carlos, é ministrado na disciplina "Estruturas de Fundações", no semestre posterior ao da cadeira de fundações.

Na sua elaboração, tentamos atingir quatro predicados para o texto: 1) **objetivo**, pois o público-alvo são os estudantes de engenharia civil, que precisam da iniciação em fundações, com um conteúdo simples, sem espaço para muitas especulações; 2) **prático**, como no caso da estimativa de recalques de estacas; 3) **didático**, como na explicação do fenômeno físico da capacidade de carga e nas metodologias para determinação da carga admissível do estaqueamento (este último, um tema trivial para projetistas, mas nebuloso para os estudantes); 4) **inovador**, ao introduzir o conceito de segurança abrangente de uma fundação por estacas e apresentar o cálculo da probabilidade de ruína de um estaqueamento.

Como o foco desta obra é o projeto, não incluímos o tema prova de carga (estática ou dinâmica), uma vez que, para a grande maioria dos estaqueamentos, não dispomos de resultados desses ensaios na fase de projeto.

Esperamos que esta publicação seja útil aos estudantes de engenharia civil e também aos professores da disciplina de fundações.

José Carlos A. Cintra
cintrajc@sc.usp.br

Nelson Aoki
nelson.aoki@uol.com.br

SUMÁRIO

1   Capacidade de Carga 9
1.1 Fórmulas teóricas 16
1.2 Métodos semiempíricos 22
1.3 Efeito de grupo 30
1.4 Outros tipos de carregamento 32
1.5 Atrito negativo e efeito Tschebotarioff 33
1.6 Parâmetros de resistência e peso específico 35
     Exercício Resolvido 1 37

2   Carga Admissível 39
2.1 Carga de catálogo 43
2.2 Escolha do tipo de estaca 46
2.3 Metodologias de projeto 47
Exercício Resolvido 2 51

3   Recalques 53
3.1 Encurtamento elástico 54
3.2 Recalque do solo 56
3.3 Previsão da curva carga x recalque 59
3.4 Efeito de grupo 60
     Exercício Resolvido 3 61
     Exercício Resolvido 4 63
     Exercício Resolvido 5 64

4   Probabilidade de Ruína 67
4.1 Insuficiência do fator de segurança global 68
4.2 Variáveis envolvidas 72
4.3 Margem de segurança 73
4.4 Índice de confiabilidade 74
4.5 Comprovação da probabilidade de ruína 77
4.6 Valores recomendados 81
4.7 Exemplo de aplicação 88

Referências Bibliográficas 93

Capacidade de Carga

Para compreender o significado da **capacidade de carga** de um elemento de fundação por estaca[1], em termos geotécnicos, consideremos uma estaca qualquer, de comprimento L, instalada no solo (Fig. 1.1A). Na sua cabeça, vamos aplicar uma força vertical P, de compressão, progressivamente aumentada, atingindo os valores P_1 e P_2, conforme representado nas Figs. 1.1B e 1.1C.

Com a aplicação gradativa dessa carga, serão mobilizadas tensões resistentes por **adesão** ou **atrito lateral**, entre o solo e o fuste da estaca, e também tensões resistentes normais à base ou ponta da estaca (esses termos são relacionados ao tipo de solo: adesão em argila e atrito em areia; porém, predomina o uso da expressão **atrito lateral**, qualquer que seja o tipo de solo).

Como hipótese simplificadora, vamos considerar que primeiro haja mobilização exclusivamente do **atrito lateral** até o máximo possível, para depois iniciar a mobilização da **resistência de ponta**. Com a evolução do carregamento, os recalques da estaca aumentarão, conforme a ilustração sem escala da Fig. 1.1.

No início do carregamento, com $P < P_1$, ocorre uma mobilização parcial (ou incompleta) do atrito lateral ao longo do fuste da estaca. Imaginando a estaca subdividida em segmentos verticais, em cada um deles atua um atrito lateral local, de valor variável ao longo da estaca, em função das características geotécnicas das diferentes camadas e sua profundidade.

---

[1] Uma estaca, sem o solo ao seu redor, não é uma fundação. Por isso, denominamos elemento de fundação por estaca o sistema formado pela estaca (elemento estrutural) e o maciço que a envolve (elemento geotécnico).

Fundações por Estacas

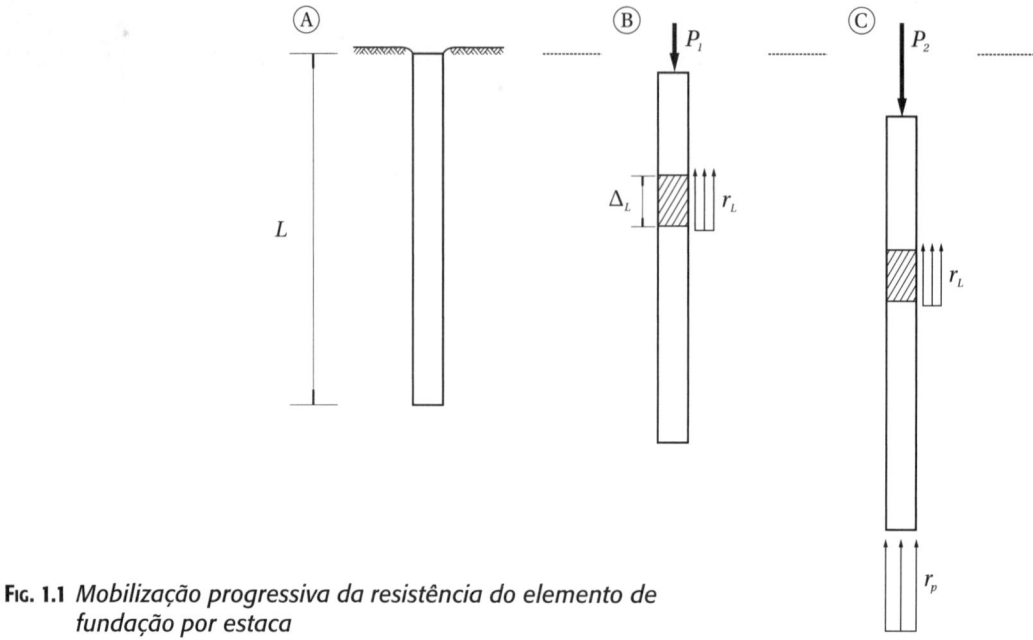

Fig. 1.1 *Mobilização progressiva da resistência do elemento de fundação por estaca*

Ao avançar o carregamento, em alguns segmentos da estaca começa a haver a máxima mobilização possível do atrito lateral local, até que, para o valor de carga $P = P_1$, o atrito lateral é mobilizado ao máximo em todos os segmentos da estaca. A partir daí, o atrito estaca-solo seria vencido e a estaca deslizaria continuamente para baixo, caso não tivesse início a mobilização da resistência de ponta. Nessa condição de ruptura da ligação estaca-solo, temos a atuação do atrito lateral local de ruptura ou atrito unitário (r_L, em unidades de tensão), conforme esquematizado na Fig. 1.1B, para um segmento qualquer da estaca, com comprimento Δ_L (posteriormente, vamos associar Δ_L à espessura de cada uma das várias camadas de solo que envolvem o fuste da estaca). Nos demais segmentos da estaca, cada um tem o seu próprio valor de r_L.

Aumentando mais a carga aplicada na estaca, em todos os segmentos da estaca permanece a mobilização máxima do atrito lateral local, mas também começa a haver a mobilização gradativa da resistência de ponta.

Finalmente, para um valor de carga maior ainda, representado por $P = P_2$, o valor da resistência de ponta também atinge a sua máxima mobilização possível (r_p, em unidades de tensão), conforme a ilustração da Fig. 1.1C. Para esse valor de carga, a estaca estaria na iminência de deslocar-se incessantemente para baixo, esgotada que foi a capacidade do sistema de mobilizar resistência, tanto o atrito lateral local (em cada segmento da estaca) como a resistência de ponta.

Essa condição de recalque incessante, mantida a carga P_2, caracteriza a ruptura do elemento de fundação por estaca. Esse modo de ruptura, que é bem didático para explicar o conceito físico, é denominado **ruptura nítida**. Na interpretação das curvas carga × recalque de provas de carga estática, há outros dois modos de ruptura: a **ruptura física** e a **ruptura convencional** (ver seções 1.2.1 e 1.2.2).

O valor P_2 passa a ser representado pela letra R e recebe a denominação de **capacidade de carga** do elemento de fundação por estaca. Trata-se, portanto, do valor da força correspondente à máxima **resistência** que o sistema pode oferecer ou do valor representativo da condição de **ruptura** do sistema, em termos geotécnicos. Na literatura geotécnica tem havido predominância pela expressão **capacidade de carga**, mas outras também são usadas, como: **capacidade de suporte, carga de ruptura, carga última** e até **capacidade de carga última** ou **capacidade de carga na ruptura**, que seriam pleonasmos. São utilizados outros símbolos, como P_R, PR, P_u, Q_u, P_{ult}, Q_{ult} etc. Preferimos R por constituir a letra inicial das palavras resistência e ruptura. R maiúscula quando indica unidades de força; r minúscula quando representa unidades de tensão (r_L e r_p).

É interessante observar que a palavra ruptura, nesse caso, tem um significado especial, sem qualquer relação com despedaçar ou quebrar a fundação. O que ocorre é o recalque incessante da estaca, o qual só é interrompido se diminuirmos a carga aplicada. Essa acepção especial do termo ruptura é restrita à conceituação de capacidade de carga em termos geotécnicos, pela qual o material da estaca é considerado suficientemente resistente para que não haja ruptura da própria estaca. Entretanto, em determinados casos, é possível que a capacidade de carga seja superior à resistência à compressão da estaca. Se isso ocorrer, deve prevalecer como valor limite a resistência da própria estaca, pois, como princípio de projeto, devemos considerar sempre o menor dos dois valores, como veremos no próximo capítulo.

No entendimento do problema físico da capacidade de carga, pudemos constatar o desenvolvimento de tensões resistentes ao longo do fuste da estaca e junto à sua ponta, o que nos permite separar a resistência em duas parcelas, em unidades de força: a resistência por atrito lateral ou **apenas resistência lateral** (R_L), e a **resistência de ponta** (R_p), conforme esquematizado na Fig. 1.2, em que D é o diâmetro ou lado da seção transversal da estaca. Para essas resistências, outros autores utilizam simbologia diversa, como P_L ou PL, P_p ou PP, P_{Lult}, P_{pult} etc.

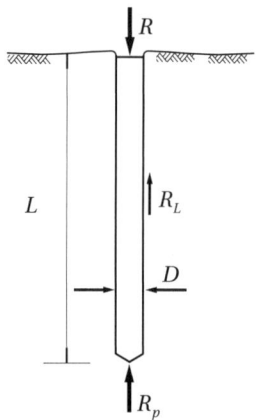

Fig. 1.2 *Parcelas de resistência que constituem a capacidade de carga*

Iniciando o equacionamento matemático para deduzir a expressão da capacidade de carga, vamos fazer o equilíbrio de forças:

$$R = R_L + R_p$$

Para obter a parcela da ponta (R_p), basta multiplicar a resistência de ponta, em unidades de tensão (r_p), pela área da seção transversal da ponta ou base da estaca (A_p):

$$R_p = r_p A_p$$

No caso de estaca pré-moldada de concreto com seção vazada, geralmente podemos considerá-la como estaca maciça, na definição da área de cálculo, por causa do embuchamento que ocorre na cravação. Para perfis metálicos (tipos I, H etc.) e trilhos, dependendo do grau de aderência solo-estaca, a área de cálculo pode variar desde a área real do perfil até a área correspondente ao retângulo envolvente; e, para estacas Franki, a área da ponta (A_p) é calculada a partir do volume da base alargada (V), admitida esférica:

$$A_p = \pi \left[\frac{3V}{4\pi} \right]^{2/3}$$

Os valores usuais de V são apresentados na Tab. 1.1, em função do diâmetro do tubo Franki:

Tab.1.1 Valores usuais de V em função do diâmetro do tubo Franki

Diâmetro do tubo (cm)	Volume da base V (m³)
Ø 35	0,18
Ø 40	0,27
Ø 45	0,36
Ø 52	0,45
Ø 60	0,60

Já para a parcela de atrito (R_L), representemos por U o perímetro do fuste e façamos o somatório das forças resistentes por atrito lateral nos diversos segmentos da estaca. Logo:

$$R_L = U \, \Sigma \, (r_L \, \Delta_L)$$

com $U = \pi D$ ou $U = 4 D$, para a seção transversal circular ou quadrada do fuste da estaca, respectivamente.

Para estacas pré-moldadas de concreto com seção vazada, consideramos o perímetro externo. Em perfis metálicos (tipos I, H etc.) e trilhos, geralmente utilizamos o perímetro desenvolvido ao longo das faces em contato com o solo, mas há solos em que devemos contar apenas com a superfície das mesas, por causa do vazio que se forma entre o solo e a alma do perfil. No caso de estacas com base alargada, como a Franki, a NBR 6122:1996 prescrevia desprezar o atrito lateral no trecho inferior do fuste, com altura igual ao diâmetro da base.

Finalmente, com a adição das duas parcelas, temos:

$$R = U \, \Sigma \, (r_L \, \Delta_L) + r_p \, A_p$$

que é a expressão da capacidade de carga do elemento de fundação por estaca, na qual observamos as variáveis geométricas da estaca (U, Δ_L, e A_p) e as variáveis geotécnicas r_L e r_p. Por essa expressão, conhecido o comprimento L da estaca (subdividido em segmentos com diferentes alturas Δ_L), determinamos a capacidade de carga R do elemento de fundação. Porém, dependendo da metodologia de projeto (tema do próximo capítulo), primeiro adotamos a capacidade de carga para depois pesquisarmos o comprimento da estaca.

A existência desses dois conjuntos de variáveis torna inadequado nos referirmos à capacidade de carga **da estaca** ou à capacidade de carga **do solo**, como vemos habitualmente na literatura. Trata-se, portanto, da capacidade de carga do elemento de fundação, o qual representa um sistema formado pelo elemento estrutural (estaca) e pelo elemento geotécnico (maciço que envolve a estaca).

Ao término de um estaqueamento, cada elemento de fundação por estaca oferece uma capacidade para resistir cargas verticais até o limite da condição representada pela ruptura iminente, a chamada capacidade de carga R. Esta é, portanto, uma resistência máxima disponível, e toda vez que se aplica uma carga P, inferior a R, temos uma mobilização parcial da capacidade de carga, restando uma espécie de reserva de resistência.

Neste capítulo, veremos os métodos de cálculo para previsão dos valores de R, na fase de projeto. Essa capacidade de carga prevista poderá ser confrontada com valores experimentais obtidos em ensaios estáticos ou dinâmicos – as chamadas provas de carga – geralmente realizados durante ou após a conclusão do estaqueamento.

Conhecidas as parcelas de resistência (R_L e R_p), podemos exprimir o valor da carga P, em qualquer fase do carregamento aplicado à estaca até a ruptura ($0 \leq P \leq R$), em função dessas parcelas:

$$P = a\,R_L + b\,R_p$$

em que a e b são fatores porcentuais de mobilização, ambos variando de 0% a 100%.

Observações experimentais de diversos pesquisadores revelam que a condição de mobilização máxima do atrito (a = 100%) é atingida para baixos valores de recalque da estaca, geralmente entre 5 e 10 mm, independentemente do tipo de estaca e do diâmetro do seu fuste. Ao contrário, a máxima mobilização da resistência de ponta ($b = 100\%$) exige recalques bem mais elevados, com valores correspondentes a cerca de 10% do diâmetro da base, para estacas cravadas, e de até 30% do diâmetro da base, para estacas escavadas, diferença esta justificada pelo processo executivo da estaca (compactação ou desconfinamento do solo provocado pela estaca cravada ou escavada, respectivamente).

Na realidade física, a mobilização da ponta ocorre desde o início do carregamento, simultaneamente à mobilização do atrito lateral, mas, ao atingir a mobilização máxima do atrito, geralmente a mobilização da ponta ainda não é significativa. Por isso, a hipótese simplificadora de primeiro esgotar todo o atrito para depois começar a mobilizar a resistência de ponta constitui uma aproximação razoável. Aliás, a resistência de atrito lateral pode atingir um valor máximo (de pico) e depois cair para um valor residual. Assim, quando dizemos que o atrito máximo permanece atuando durante a fase de mobilização da ponta, devemos entender que se pode tratar do atrito residual, se for o caso.

Voltando à equação de capacidade de carga ($R = R_L + R_p$), vamos considerar as diferentes possibilidades de proporção entre as duas parcelas de resistência. Pode haver casos em que predomina a parcela de atrito lateral, como geralmente ocorre com as estacas escavadas e com os perfis metálicos cravados. Se, na situação limite, a resistência de ponta for praticamente desprezível, temos o caso particular da **estaca de atrito**, também chamada **estaca flutuante**, como, por exemplo, uma estaca longa cravada em argila mole, em que toda a resistência se dá por atrito lateral. Aliás, no caso de estacas muito esbeltas, em espessas camadas de argila muito mole (em vasa, principalmente), devemos verificar a possibilidade de ocorrência de flambagem.

Por outro lado, podemos ter casos de predominância da resistência de ponta, como geralmente ocorre com estacas cravadas mais robustas e com estacas Franki. No extremo, em que a resistência lateral é desprezível, temos a **estaca de ponta**, como, por exemplo, uma estaca apoiada em rocha sã.

Além disso, lembremos que a capacidade de carga é uma função do tempo não só em dois casos especiais de: (i) *set-up*: nas camadas argilosas, a cravação de estacas causa uma acentuada redução de resistência, a qual é recuperada com o decorrer do tempo, graças a uma espécie de cicatrização do solo; e (ii) solos colapsíveis: em certos solos não saturados, geralmente porosos, as variações sazonais no teor de umidade provocam modificação no valor da capacidade de carga do elemento de fundação (para esse tema, consultar Cintra e Aoki, 2009); mas também no caso de solos saturados, que, situados ao redor e junto à ponta de cada estaca, passarão do comportamento inicial não drenado para o drenado, ao longo da vida útil da obra. Nesse processo, a capacidade de carga aumentará com o tempo, razão pela qual devemos optar pelo cálculo de R na condição não drenada, mais conservadora, utilizando parâmetros do solo correspondentes a essa condição. Isso é compatível com o uso de correlações com o N_{SPT}, uma vez que o SPT é um ensaio não drenado por excelência.

1.1 Fórmulas teóricas

As fórmulas teóricas de capacidade de carga de elementos de fundação por estaca constituem um vasto capítulo da engenharia de fundações. Por causa do interesse que o assunto desperta, inúmeros autores pesquisaram o problema teoricamente e apresentaram suas contribuições, que constituem um imenso repertório de fórmulas.

Essa diversidade de proposições decorre da dificuldade de ajustar um bom modelo físico e matemático à questão da ruptura em fundações profundas. No caso de fundações rasas, é bastante razoável o modelo de ruptura geral estabelecido por Terzaghi (1943), que, entre outras hipóteses, considera a sapata pouco embutida no terreno, a uma profundidade inferior à sua largura. Nesse caso, a ruptura implica o levantamento de uma parte do maciço de solo, visível à superfície do terreno, e o consequente tombamento da sapata.

1 Capacidade de Carga

Em se tratando de fundações profundas, porém, tal modelo de comportamento físico é inaplicável. Existem diversas tentativas de equacionar o problema, mas que ainda não são eficazes, sobretudo para estacas em areia. Isso justifica, na prática de projeto de fundações por estacas, o uso restrito – ou com cautela – de fórmulas teóricas para previsão de capacidade de carga.

A seguir, em vez de detalhar alguns dos muitos métodos disponíveis na literatura, apresentaremos apenas o que pode ser considerado como o encaminhamento de uma formulação teórica da capacidade de carga de elementos de fundações por estacas, nos casos particulares de solos puramente argilosos ou arenosos.

1.1.1 Estacas em argila

Conforme já assinalado, na equação de capacidade de carga do elemento de fundação por estaca, as variáveis geotécnicas são duas: r_L e r_p.

No caso de solo argiloso, r_L representa a tensão de adesão do solo ao fuste da estaca, em termos de valor local, para um segmento qualquer da estaca, e pode ser calculada em função da própria coesão não drenada (c) da argila situada ao redor desse segmento:

$$r_L = \alpha\, c$$

em que α é um fator de adesão entre o solo e a estaca. Os ábacos da Fig. 1.3 mostram que o valor de α diminui com o aumento da coesão.

Assim, a resistência lateral, em unidades de força, atuante naquele segmento de estaca, com comprimento Δ_L e perímetro U, é dada pelo produto:

$$U \cdot \alpha \cdot c \cdot \Delta L$$

Na prática, geralmente o terreno se apresenta estratificado, com camadas

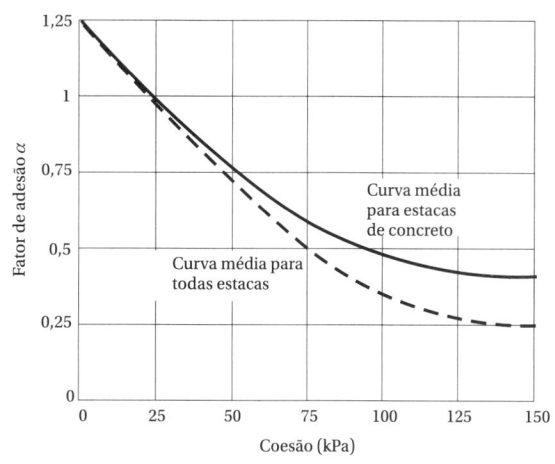

Fig.1.3 *Fator de adesão α (Tomlinson, 1957)*

de valores distintos de coesão. Então, interpretamos Δ_L como a espessura de cada camada e obtemos a parcela de resistência lateral (R_L) por meio do somatório das forças de adesão ao longo da estaca:

$$R_L = U \Sigma (\alpha\, c\, \Delta L)$$

Por sua vez, a resistência de ponta (r_p) pode ser considerada como a capacidade de carga de uma fundação direta de mesma base, que, em solos argilosos, pode ser calculada pela equação de Skempton (1951):

$$r_p = c\, N_c + q$$

na qual:
q – sobrecarga (tensão vertical efetiva na cota de apoio da base da estaca);
N_c – fator de capacidade de carga, que pode ser considerado igual a 9 para fundações profundas.

Portanto, em unidades de força, a parcela de resistência de ponta (R_p) é dada por:

$$R_p = (9\, c + q)\, A_p$$

em que:
c – valor médio da coesão não drenada da camada de apoio da ponta ou base da estaca;
A_p – área da base.

1.1.2 Estacas em areia

De maneira análoga à seção anterior, o problema é quantificar as duas variáveis geotécnicas, r_L e r_p, da equação de capacidade de carga do elemento de fundação por estaca.

No caso de areia, homogênea com a profundidade, r_L representa a tensão de atrito lateral local que se desenvolve entre o solo e o fuste de um segmento qualquer da estaca, na condição de máxima mobilização, e pode ser calculada pela expressão:

1 Capacidade de Carga

$$r_L = \sigma_h \, tg \, \delta$$

em que:
σ_h – tensão horizontal no segmento de estaca;
$tg \, \delta$ – coeficiente de atrito estaca-solo;
δ – ângulo de atrito entre o solo e a estaca.

Considerando que

$$\sigma_h = K \, \sigma_v$$

em que K é o coeficiente de empuxo e σ_v, a tensão vertical, temos:

$$r_L = K \, \sigma_v \, tg \, \delta$$

Finalmente, com

$$\sigma_v = \gamma \, z$$

em que:
γ – peso específico efetivo da areia;
z – profundidade;
chegamos a uma função linearmente crescente com a profundidade:

$$r_L = K \, \gamma \, z \, tg \, \delta$$

Todavia, observações experimentais indicam que, em razão do efeito de arqueamento nas areias, o atrito lateral local não cresce indefinidamente com a profundidade, atingindo um valor crítico (r_L^*) na profundidade de 10 ou 20 vezes o diâmetro da estaca, respectivamente para areia fofa ou compacta.

De acordo com Moretto (1972), para o cálculo prático, podemos supor que, qualquer que seja a compacidade relativa da areia, o atrito lateral local aumenta linearmente até uma profundidade igual a 15 vezes o diâmetro (D), permanecendo constante e igual ao valor crítico para profundidades maiores (Fig. 1.4A).

Logo:

$$r_L^* = K \, \gamma \, (15 \, D) \, tg \, \delta$$

Então, com base nesse valor crítico, podemos obter o atrito lateral local médio ao longo de todo o fuste ($r_{Lméd}$). Finalmente, a parcela de resistência lateral (R_L), em unidades de força, é dada por:

$$R_L = U\, L\, r_{Lméd}$$

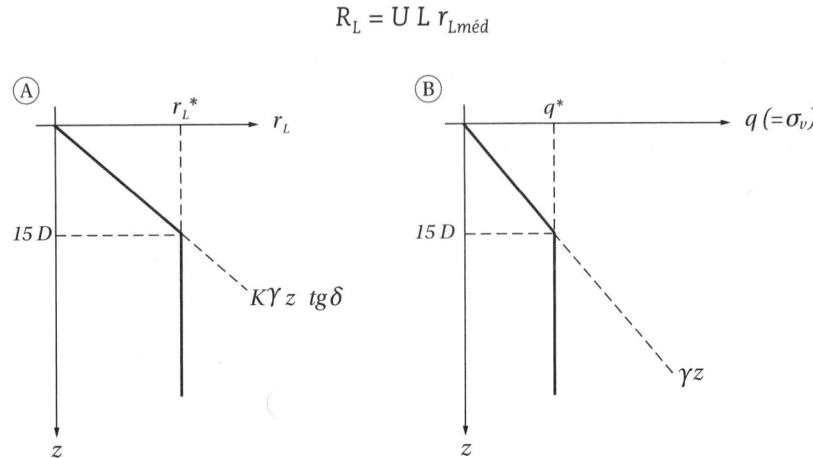

Fig.1.4 *Efeito de arqueamento em areias (Cintra e Aoki, 1999)*

Para adotar o valor do coeficiente de empuxo (K), precisamos analisar o tipo de estaca e o grau de perturbação que a sua execução provoca no maciço de solo que a circunda. Para estacas metálicas, em geral bem delgadas, a sua cravação provoca pequeno ou quase nenhum deslocamento do solo, razão pela qual o valor de K aproxima-se do coeficiente de empuxo em repouso. Para estacas de grande deslocamento (por exemplo, estacas pré-moldadas de concreto ou estacas de madeira), K pode assumir valores mais elevados, principalmente no caso de areias mais compactas e de estacas cônicas, coerentes com a condição de empuxo passivo. No caso oposto, estacas escavadas em que a concretagem não é imediata à perfuração, quanto mais tempo o furo fica aberto, mais se aproxima da condição de empuxo ativo, em que o solo tem a tendência de deslocar-se, no sentido de reduzir o diâmetro do furo.

Com base nessas considerações, Broms (1966) recomenda os valores de K apresentados na Tab. 1.2, além dos valores para o ângulo de atrito estaca-solo (δ), em função do ângulo de atrito do solo (ϕ). No caso de estacas escavadas, K poderá corresponder, no máximo, ao valor recomendado para estacas metálicas.

Tab.1.2 Coeficiente de empuxo K e ângulo de atrito δ

Estaca	K		δ
	Areia fofa	Areia compacta	
Metálica	0,5	1,0	20°
Pré-moldada de concreto	1,0	2,0	3/4 φ
Madeira	1,5	4,0	2/3 φ

Fonte: Broms (1966).

A resistência de ponta na iminência da ruptura (r_p) pode ser interpretada como a capacidade de carga de uma fundação direta de mesma base, a qual, em areias puras, é dada pela equação:

$$r_p = q\, N_q\, S_q + \frac{1}{2}\, \gamma\, B\, N_\gamma\, S_\gamma$$

Para fundações profundas, porém, a parcela devida ao fator N_γ pode ser considerada desprezível em comparação à outra parcela. Além disso, incorporando o fator de forma S_q ao fator de capacidade de carga N_q, com:

$$N_q^* = N_q\, S_q$$

e considerando que a sobrecarga (q) atinge um valor máximo (q^*) na profundidade de 15 vezes o diâmetro (Fig. 1.4B), obtemos a expressão:

$$r_p = q^*\, N_q^*$$

Finalmente, a parcela de resistência de ponta (R_p), em unidades de força, é dada por:

$$R_p = (q^*\, N_q^*)\, A_p$$

A Fig. 1.5 mostra os gráficos dos valores de N_q^*, em função de φ, obtidos por vários autores.

Nessa figura, podemos observar que há diferenças apreciáveis nas várias proposições de N_q^*. Por exemplo, para φ = 40°, N_q^* varia de 100 a 1.000, dependendo do autor. Uma discrepância dessa ordem leva ao descrédito a utilização de fórmulas teóricas para o cálculo da capacidade de carga de elementos de fundação por estaca. Outra limitação dos métodos teóricos é a consideração exclusiva de solo coesivo ou granular, enquanto na natureza é frequente a existência de solos c–φ, os que têm coesão e atrito.

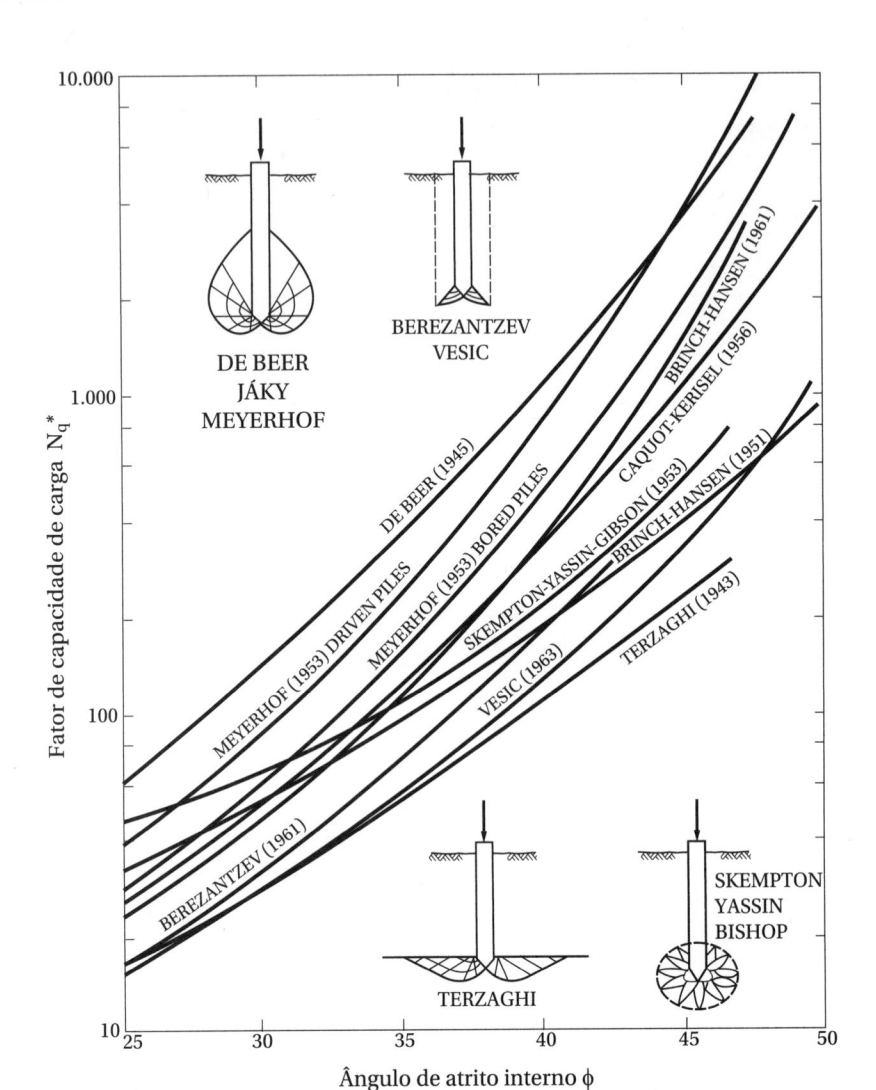

Fig.1.5 *Valores de N_q^* de vários autores (Vesic, 1967a)*

Em razão disso, os métodos teóricos de capacidade de carga de fundações por estacas têm pouca utilização em projetos, sendo preteridos em prol dos métodos semiempíricos. Métodos teóricos de capacidade de carga de fundações por estacas ainda são um tema em aberto na geotecnia, merecendo novas pesquisas.

1.2 Métodos semiempíricos

Uma vez que as fórmulas teóricas geralmente não são confiáveis na previsão da capacidade de carga de fundações por estacas, muitos autores têm proposto métodos baseados em correlações empíricas com resultados de ensaios *in situ* e ajustados com provas de carga.

A seguir, apresentaremos três métodos semiempíricos brasileiros: Aoki-Velloso (1975), Décourt-Quaresma (1978) e Teixeira (1996), que são amplamente utilizados nos escritórios de projeto de fundações, inclusive no exterior.

1.2.1 Método Aoki-Velloso (1975)

Retomando a Fig. 1.2 e a dedução da equação de capacidade de carga, temos:

$$R = R_L + R_p$$

com as parcelas de resistência lateral (R_L) e de ponta (R_p) dadas, respectivamente, por:

$$R_L = U \Sigma (r_L \Delta_L)$$

e

$$R_p = r_p A_p$$

ou seja, a capacidade de carga (R) igual a

$$R = U \Sigma (r_L \Delta_L) + r_p A_p$$

em que r_L e r_p são as incógnitas geotécnicas.

Pelo método Aoki-Velloso, essas duas incógnitas são inicialmente correlacionadas com ensaios de penetração estática CPT[2], por meio dos valores da resistência de ponta do cone (q_c) e do atrito lateral unitário na luva (f_s):

$$r_p = \frac{q_c}{F_1}$$

$$r_L = \frac{f_s}{F_2}$$

em que F_1 e F_2 são fatores de correção que levam em conta o efeito escala, ou seja, a diferença de comportamento entre a estaca (protótipo) e o cone do CPT (modelo), e também a influência do método executivo de cada tipo de estaca. Todavia, como no Brasil o CPT não é tão empregado quanto o SPT, o valor da resistência de ponta (q_c) pode ser substituído por uma correlação com o índice de resistência à penetração (N_{SPT}):

[2] À época da publicação do método, utilizava-se o cone mecânico, no qual foi incorporada a luva de Begemann para a medida do atrito lateral. Atualmente predomina o emprego do cone elétrico e do piezocone, que propiciam a medida direta do atrito lateral, simultânea à leitura da resistência de ponta.

$$q_c = K\ N_{SPT}$$

em que o coeficiente K depende do tipo de solo.

Essa substituição possibilita exprimir também o atrito lateral em função de N_{SPT}, com a utilização da razão de atrito (α):

$$\alpha = \frac{f_s}{q_c}$$

Logo:

$$f_s = \alpha\ q_c = \alpha\ K\ N_{SPT}$$

em que α é função do tipo de solo.

Na literatura especializada sobre cone, a razão de atrito é tradicionalmente representada por R_f e é utilizada para identificar o tipo de solo. No método Aoki-Velloso, os autores procedem de maneira inversa, pois, a partir do tipo de solo, conhecido pela sondagem SPT, inferem o valor da razão de atrito.

Podemos, então, reescrever as expressões anteriores para r_p e r_L:

$$r_p = \frac{K N_p}{F_1}$$

$$r_L = \frac{\alpha K N_L}{F_2}$$

em que N_p e N_L são, respectivamente, o índice de resistência à penetração na cota de apoio da ponta da estaca e o índice de resistência à penetração médio na camada de solo de espessura Δ_L, ambos valores obtidos a partir da sondagem mais próxima. Portanto, a capacidade de carga (R) de um elemento isolado de fundação pode ser estimada pela fórmula semiempírica:

$$R = \frac{K N_p}{F_1} A_p + \frac{U}{F_2} \sum_{1}^{n} (\alpha\ K\ N_L\ \Delta_L)$$

com os valores de K e de α dados na Tab. 1.3, propostos pelos autores com base em sua experiência e em valores da literatura. Os fatores de correção F_1 e F_2 foram ajustados com 63 provas de carga realizadas em vários estados do Brasil, o que permitiu a obtenção dos valores apresentados na Tab. 1.4. Quando essas provas de carga não atingiram a ruptura, os autores utilizaram o método de Van der Veen (1953) para a estimativa da capacidade de carga, o qual ajusta aos pontos obtidos na prova de carga uma forma de curva que caracteriza uma assíntota ao eixo das cargas, definindo, assim, um valor de capacidade de carga. Trata-se do modo de ruptura classificado como ruptura física.

É interessante observar que, como F_1 é superior a 1,0, a resistência de ponta da fundação por estaca:

$$r_p = \frac{q_c}{F_1}$$

resulta inferior à do cone. Constatações experimentais demonstram esse efeito escala invertido, pelo qual a resistência de ponta do ensaio do cone (diâmetro de 36 mm) é sempre superior à de qualquer elemento de fundação (estacas com diâmetros de até algumas dezenas de vezes o diâmetro do cone).

Por sua vez, o fator F_2, o denominador da parcela de atrito,

$$r_L = \frac{f_s}{F_2}$$

deveria ser igual a F_1, mas isso não ocorre porque o seu valor engloba também uma correção de leitura. No cone mecânico, com a luva de Begemann, a medida do atrito lateral (f_s) é afetada pela geometria da luva: a sua parte inferior acaba gerando uma resistência de ponta (na luva) capaz de até dobrar o valor em razão do atrito lateral. Então, para corrigir esse erro de leitura, F_2 deve variar entre uma e duas vezes o valor de F_1 ($F_1 \leq F_2 \leq 2\,F_1$). Portanto, $F_2 = 2\,F_1$, a hipótese adotada pelos autores, é a mais conservadora.

Tab. 1.3 Coeficiente K e razão de atrito α

Solo	K (MP$_a$)	α (%)
Areia	1,00	1,4
Areia siltosa	0,80	2,0
Areia siltoargilosa	0,70	2,4
Areia argilosa	0,60	3,0
Areia argilossiltosa	0,50	2,8
Silte	0,40	3,0
Silte arenoso	0,55	2,2
Silte arenoargiloso	0,45	2,8
Silte argiloso	0,23	3,4
Silte argiloarenoso	0,25	3,0
Argila	0,20	6,0
Argila arenosa	0,35	2,4
Argila arenossiltosa	0,30	2,8
Argila siltosa	0,22	4,0
Argila siltoarenosa	0,33	3,0

Fonte: Aoki e Velloso (1975).

Tab. 1.4 Fatores de correção F_1 e F_2

Tipo de estaca	F_1	F_2
Franki	2,50	5,0
Metálica	1,75	3,5
Pré-moldada	1,75	3,5

Fonte: Aoki e Velloso (1975).

No cone elétrico e no piezocone, que praticamente substituíram o cone mecânico, a leitura é feita diretamente na ponteira cônica, sem introduzir esse erro. Por isso, se formos utilizar o método Aoki-Velloso com os dados obtidos pelo cone elétrico ou piezocone, em vez do SPT, deveremos considerar $F_2 = F_1$.

Após a publicação do método, surgiram aprimoramentos para esses fatores. Para estacas pré-moldadas de pequeno diâmetro, Aoki (1985) constata que o método é conservador demais e propõe:

$$F_1 = 1 + \frac{D}{0,80} \quad (D \text{ em metros})$$

em que D é o diâmetro ou lado da seção transversal do fuste da estaca, mantendo a relação $F_2 = 2\ F_1$.

Para estacas escavadas, a prática de projeto acabou incorporando os valores de $F_1 = 3,0$ e $F_2 = 6,0$, propostos por Aoki e Alonso (1991).

E, finalmente, para estacas dos tipos raiz, hélice contínua e ômega, Velloso e Lopes (2002) recomendam $F_1 = 2$, e $F_2 = 4,0$.

Essas modificações estão relacionadas na Tab. 1.5.

Tab. 1.5 Fatores de correção F_1 e F_2 atualizados

Tipo de estaca	F_1	F_2
Franki	2,50	2 F1
Metálica	1,75	2 F1
Pré-moldada	1 + D/0,80	2 F1
Escavada	3,0	2 F1
Raiz, Hélice contínua e Ômega	2,0	2 F1

Fonte: adaptados de Aoki e Velloso (1975).

O método Aoki-Velloso (1975) tem sido comparado aos resultados de provas de carga realizadas em regiões ou formações geotécnicas específicas. Em consequência, algumas publicações trazem novos valores para K e α, válidos para determinados locais, como, por exemplo, a proposição de Alonso (1980) para os solos da cidade de São Paulo e os valores de K obtidos por Danziger e Velloso (1986) para os solos do Rio de Janeiro.

Portanto, esta deve ser a tendência no uso do método Aoki-Velloso: manter a sua formulação geral, mas substituir as correlações originais, abrangentes, por correlações regionais, que tenham validade comprovada.

1.2.2 Método Décourt-Quaresma (1978)

As parcelas de resistência (R_L e R_p) da capacidade de carga (R) de um elemento de fundação por estaca são expressas por:

$$R_L = r_L\, U\, L$$

$$R_p = r_p\, A_p$$

A estimativa da tensão de adesão ou de atrito lateral (r_L) é feita com o valor médio do índice de resistência à penetração do SPT ao longo do fuste (N_L), de acordo com uma tabela apresentada pelos autores, sem nenhuma distinção quanto ao tipo de solo. No cálculo de N_L, adotam os limites $N_L \geq 3$ e $N_L \leq 15$ e não consideram os valores que serão utilizados na avaliação da resistência de ponta.

Décourt (1982) transforma os valores tabelados na expressão:

$$r_L = 10\left(\frac{N_L}{3} + 1\right) \qquad \text{(kPa)}$$

e estende o limite superior de $N_L = 15$ para $N_L = 50$, para estacas de deslocamento e estacas escavadas com bentonita, mantendo $N_L \leq 15$ para estacas Strauss e tubulões a céu aberto.

A capacidade de carga junto à ponta ou base da estaca (r_p) é estimada pela equação:

$$r_p = C\, N_p$$

em que:

N_p – valor médio do índice de resistência à penetração na ponta ou base da estaca, obtido a partir de três valores: o correspondente ao nível da ponta ou base, o imediatamente anterior e o imediatamente posterior;

C – coeficiente característico do solo (Tab. 1.6), ajustado por meio de 41 provas de carga realizadas em estacas pré-moldadas de concreto.

Nas provas de carga que não atingiram a ruptura, os autores utilizaram como critério

Tab. 1.6 Coeficiente característico do solo C

Tipo de solo	C (kPa)
Argila	120
Silte argiloso *	200
Silte arenoso *	250
Areia	400

* alteração de rocha (solos residuais)
Fonte: Décourt e Quaresma (1978).

de ruptura a carga correspondente ao recalque de 10% do diâmetro da estaca. Esse critério está associado ao modo de **ruptura convencional**.

Décourt (1996) introduz fatores α e β, respectivamente nas parcelas de resistência de ponta e lateral, resultando a capacidade de carga em:

$$R = \alpha \, C \, N_p \, A_p + \beta \, 10 \left(\frac{N_L}{3} + 1 \right) U \, L$$

para a aplicação do método a estacas escavadas com lama bentonítica, estacas escavadas em geral (inclusive tubulões a céu aberto), estacas tipos hélice contínua e raiz, e estacas injetadas sob altas pressões. Os valores propostos para α e β são apresentados nas Tabs. 1.7 e 1.8. O método original ($\alpha = \beta = 1$) permanece para estacas pré-moldadas, metálicas e tipo Franki.

Tab.1.7 Valores do fator α em função do tipo de estaca e do tipo de solo

Tipo de solo	Tipo de estaca				
	Escavada em geral	Escavada (bentonita)	Hélice contínua	Raiz	Injetada sob altas pressões
Argilas	0,85	0,85	0,3*	0,85*	1,0*
Solos intermediários	0,6	0,6	0,3*	0,6*	1,0*
Areias	0,5	0,5	0,3*	0,5*	1,0*

* valores apenas orientativos diante do reduzido número de dados disponíveis
Fonte: Décourt (1996).

Tab. 1.8 Valores do fator β em função do tipo de estaca e do tipo de solo

Tipo de solo	Tipo de estaca				
	Escavada em geral	Escavada (bentonita)	Hélice contínua	Raiz	Injetada sob altas pressões
Argilas	0,8*	0,9*	1,0*	1,5*	3,0*
Solos intermediários	0,65*	0,75*	1,0*	1,5*	3,0*
Areias	0,5*	0,6*	1,0*	1,5*	3,0*

* valores apenas orientativos diante do reduzido número de dados disponíveis
Fonte: Décourt (1996).

Por ocasião do ESOPT II (*Second European Symposium on Penetration Test*), realizado em Amsterdã, em 1982, promoveu-se um "concurso" internacional para previsão da capacidade de carga de um elemento isolado de fundação. Uma estaca foi cravada próxima do local do evento e, dos mais de 700 congressistas, 25 candidataram-se ao desafio, recebendo, com antecedência, os resultados da investigação geotécnica completa do terreno, incluindo diversos ensaios in situ (SPT, CPT etc.) e de laboratório, além das informações sobre a estaca e sua cravação. Durante o congresso, realizou-se a prova de carga na estaca, encontrando-se a carga de ruptura entre 1.150 e 1.200 kN. A melhor previsão foi apresentada pelo Eng.º Luciano Décourt (1.180 kN), que utilizou o método do qual é coautor.

1.2.3 Método Teixeira (1996)

Com base na utilização prática e contínua de diversos métodos, como Aoki-Velloso, Décourt-Quaresma e outros, Teixeira (1996) propõe uma espécie de equação unificada para a capacidade de carga, em função de dois parâmetros, α e β:

$$R = R_p + R_L = \alpha\, N_p\, A_p + \beta\, N_L\, U\, L$$

em que:

N_p – valor médio do índice de resistência à penetração medido no intervalo de 4 diâmetros acima da ponta da estaca e 1 diâmetro abaixo;

N_L – valor médio do índice de resistência à penetração ao longo do fuste da estaca.

Os valores sugeridos para o parâmetro α, relativo à resistência de ponta, são apresentados na Tab. 1.9, em função do solo e do tipo de estaca.

Já o parâmetro β, relativo à resistência de atrito lateral, independe do tipo de solo, e seus valores sugeridos são apresentados na Tab. 1.10, em função do tipo de estaca.

O autor adverte que o método não se aplica ao caso de estacas pré-moldadas de concreto flutuantes em espessas camadas de argilas moles sensíveis, com N_{SPT} normalmente inferior a 3. Nesse caso, a tensão de atrito lateral (r_L) é dada pela Tab. 1.11, em função da natureza do sedimento argiloso.

Fundações por Estacas

Tab. 1.9 Valores do parâmetro α

Solo (4 < N_{SPT} < 40)	Tipo de estaca – α (kPa)			
	Pré-moldada e perfil metálico	Franki	Escavada a céu aberto	Raiz
Argila siltosa	110	100	100	100
Silte argiloso	160	120	110	110
Argila arenosa	210	160	130	140
Silte arenoso	260	210	160	160
Areia argilosa	300	240	200	190
Areia siltosa	360	300	240	220
Areia	400	340	270	260
Areia com pedregulhos	440	380	310	290

Fonte: Teixeira (1996).

Tab. 1.10 Valores do parâmetro β

Tipo de estaca	β (kPa)
Pré-moldada e Perfil metálico	4
Franki	5
Escavada a céu aberto	4
Raiz	6

Fonte: Teixeira (1996).

Tab. 1.11 Valores do atrito lateral r_L

Sedimento	r_L (kPa)
Argila fluviolagunar (SFL)*	20 a 30
Argila transicional (AT)**	60 a 80

*SFL: argilas fluviolagunares e de baías, holocênicas – camadas situadas até cerca de 20 a 25 m de profundidade, com valores de N_{SPT} inferiores a 3, de coloração cinza-escura, ligeiramente pré-adensada.

**AT: argilas transicionais, pleistocênicas – camadas profundas subjacentes ao sedimento SFL, com valores de N_{SPT} de 4 a 8, às vezes de coloração cinza-clara, com tensões de pré-adensamento maiores do que aquelas das SFL.

Fonte: Teixeira (1996).

1.2.4 Outros métodos

Há muitos outros métodos de cálculo de capacidade de carga de fundações por estacas, no Brasil e no exterior, pois esse é um do temas de grande interesse na engenharia de fundações. Podemos citar pelo menos outros dois métodos brasileiros, para tipos exclusivos de estacas: o método de Cabral (1986), para estacas raiz, e o de Antunes e Cabral (1996), para estacas hélice contínua. Ambos estão reproduzidos no livro de Velloso e Lopes (2002). Também merece ser destacado o método de Cabral e Antunes (2000), específico para o caso de estacas escavadas embutidas em rocha.

1.3 Efeito de grupo

Tudo o que vimos até aqui sobre capacidade de carga refere-se ao elemento isolado de fundação por estaca. A maioria das fundações por estacas, porém, emprega grupos, geralmente de 2 a 9 estacas, interligadas por um bloco de coroamento, de concreto.

A capacidade de carga do grupo pode ser diferente da soma dos valores de capacidade de carga dos elementos isolados que o compõem. Assim, pode haver um efeito de grupo sobre a capacidade de carga, o qual pode ser quantificado pela chamada eficiência de grupo (η):

$$\eta = \frac{R_g}{\Sigma R_i}$$

em que:
R_g – capacidade de carga do grupo de estacas;
R_i – capacidade de carga do elemento isolado de fundação.

Em princípio, a eficiência do grupo depende da forma e do tamanho do grupo, do espaçamento entre estacas e, principalmente, do tipo de solo e de estaca. Antigamente, considerávamos que a eficiência podia ser menor do que a unidade, de acordo com as fórmulas de eficiência empregadas à época. Depois, com a realização de ensaios em grupos, constatamos que a eficiência geralmente é igual ou superior à unidade.

Em duas condições, a eficiência resulta em torno da unidade: a) estacas, de qualquer tipo, em argila; e b) estacas escavadas, em qualquer tipo de solo. Eficiências superiores à unidade são obtidas para estacas cravadas em areia, sobretudo em areia fofa.

De acordo com Vesic (1975), em qualquer caso, a resistência de ponta do grupo pode ser considerada igual à soma das resistências de ponta dos elementos isolados, mas a resistência por atrito lateral do grupo, em areia, pode ser maior do que a soma dos valores de atrito lateral dos elementos isolados, por causa da compactação causada pela cravação das estacas dentro de uma área relativamente pequena.

Não há nenhuma teoria ou fórmula apropriada para a estimativa de capacidade de carga de grupo nem da eficiência de grupo. O que existe são resultados experimentais que comprovam valores de eficiência, de grupo de estacas cravadas em areia, de até 1,5 ou 1,7 (Vesic, 1967b; Cintra e Albiero, 1989), em grupos de até 9 estacas com espaçamento entre eixos de 2,5 vezes o diâmetro.

Entretanto, a prática corrente de projeto de fundações por estacas não leva em conta possíveis benefícios de eficiência de grupo superior à unidade, inclusive porque contar com uma resistência aumentada por causa do efeito de grupo implica a ocorrência de recalques também aumentados. Assim, na prática, calculamos a capacidade de carga apenas do elemento isolado de fundação, com a hipótese de que tenhamos $\eta = 1$.

Na resistência do grupo de estacas também há a contribuição do próprio bloco de coroamento das estacas, pois uma parcela da carga total aplicada ao grupo é transmitida ao solo diretamente pelo bloco. Em blocos usuais, essa contribuição é de, no máximo, 20% (Chen, Xu e Wang, 1993; Senna Jr. e Cintra, 1994), para estacas cravadas e escavadas, e costuma ser negligenciada em projetos.

Outro aspecto em relação aos grupos de estacas é que a distribuição de carga pode não ser uniforme: as estacas centrais podem receber mais carga do que as de periferia, em areia, ou ser menos carregadas, em argila. No caso de estacas cravadas em areia, temos a influência da sequência de cravação, pois as últimas estacas cravadas de um grupo recebem mais carga do que as precedentes.

1.4 Outros tipos de carregamento

Até aqui tratamos exclusivamente da capacidade de carga dos elementos de fundação por estaca submetidos a uma carga vertical de compressão. Há, contudo, outros tipos de carregamento: o caso de estacas tracionadas, típico nas torres de transmissão de energia e de telefonia celular, e o de estacas cujas cabeças são submetidas a esforços horizontais ou de flexão, como em cais, pontes, estruturas *offshore* etc.

Para a capacidade de carga a tração, há métodos teóricos específicos, que podem ser consultados em Campelo (1995). Para um cálculo prático, no caso de estacas cilíndricas ou prismáticas (sem base alargada), podemos calcular o atrito lateral a compressão pelo método Aoki-Velloso, por exemplo, e, em seguida, utilizar a indicação de Velloso (1981), pela qual o atrito lateral a tração é cerca de 70% do atrito lateral a compressão. Obviamente, a resistência de ponta é nula.

O senso comum parece indicar que o atrito lateral a tração seja superior ao da compressão; todavia, na transferência de carga da estaca para o solo, tema que será visto no Cap. 3, ocorre uma espécie de confinamento do solo, quando a estaca é comprimida, enquanto que na tração teríamos uma espécie de desconfinamento.

No outro tipo de carregamento, com cargas horizontais, uma solução pode ser o emprego de estacas inclinadas, desde que o ângulo que a força resultante faz com a vertical seja inferior a 5°. Caso contrário, temos que proceder ao cálculo de estacas verticais solicitadas por cargas horizontais.

Por um lado, é preciso obter os deslocamentos horizontais da estaca (geralmente com valor máximo na cabeça e decrescente com a profundidade) e os diagramas de momento fletor e de esforço cortante, para o dimensionamento da estaca como peça estrutural. Por outro, é necessário verificar a capacidade do solo de resistir a esses esforços horizontais, com segurança, e se os deslocamentos são aceitáveis pela estrutura.

Na estaca carregada lateralmente, apenas o seu trecho superior necessita de armadura, com os valores decorrentes do dimensionamento estrutural, enquanto a estaca tracionada deve receber armadura ao longo de todo o seu comprimento.

Para tratar o problema da estaca carregada lateralmente, podemos utilizar os métodos da teoria de reação horizontal do solo compilados no estado da arte de Cintra (1982).

1.5 Atrito negativo e efeito Tschebotarioff

Nas estacas implantadas em solos adensáveis, pode ocorrer o fenômeno do atrito negativo, pelo qual o recalque de adensamento supera o recalque da estaca. Em consequência, a camada adensável, em vez de contribuir com o atrito lateral resistente (positivo), passa a gerar acréscimo de solicitação vertical na estaca, de cima para baixo.

Uma situação típica para deflagrar esse fenômeno é o lançamento de sobrecargas na superfície, provenientes de aterro, estoque de materiais etc. O solo entra em processo de adensamento, propiciando a ação do atrito negativo, com o decorrer do tempo. É preciso estar muito atento a esse fenômeno, pois a solicitação adicional resultante na estaca não é prevista pelos engenheiros de estruturas, ao fornecerem as cargas de pilar, e nem é detectada em provas de carga, nas quais o atrito lateral é sempre positivo, porque o processo de adensamento ainda não se iniciou.

Outra condição que pode provocar o atrito negativo é a execução de rebaixamento do lençol freático. Para o cálculo do atrito negativo, sugerimos o Cap. 6 de Alonso (1989) e a seção 18.1 de Velloso e Lopes (2002). Neste último, há o equívoco de considerar que solos colapsíveis, quando saturados, entram em processo de adensamento (item e, p. 353). A colapsibilidade é um fenômeno bem distinto do adensamento, conforme demonstrado por Cintra (1998).

Ainda em solos adensáveis, outro problema importante deve ser cogitado: o chamado efeito Tschebotarioff, provocado por sobrecargas unilaterais na superfície, caso típico dos aterros de acesso de pontes, de galpões industriais e de armazéns graneleiros.

Com o processo de adensamento da camada de argila mole, sujeita a uma sobrecarga vertical assimétrica, surgem esforços horizontais nas estacas, em profundidade, capazes de produzir grandes deslocamentos e até levá-las à ruptura.

Aoki (1970) relata a ocorrência desse fenômeno em pontes da Rodovia Litorânea, a BR 101, nos estados do Rio Grande do Norte e da Paraíba. Como solução para o problema, optou-se pelo reforço da fundação e também, para diminuir a sobrecarga, pela execução de um novo aterro, provido de vazios criados por bueiros metálicos tipo ARMCO.

Em obras posteriores, sob a responsabilidade do Eng.º Nelson Aoki, o projeto já contemplava o fenômeno, como o caso da Linha Verde, na Bahia, solução em laje estaqueada, nos encontros de pontes. Na Linha Vermelha, no Rio de Janeiro, sobre mangue de 8 m de espessura, a solução tradicional de aterro central (de 20 m de largura) com várias bermas laterais (totalizando 120 m de largura) foi substituída pelo aterro central estaqueado, com cerca de 3 km de extensão.

Para o cálculo dos esforços decorrentes do efeito Tschebotarioff, sugerimos a seção 18.2 de Velloso e Lopes (2002).

1.6 Parâmetros de resistência e peso específico

1.6.1 Coesão e ângulo de atrito

Para a estimativa do valor da coesão não drenada (c), quando não há ensaios de laboratório, Teixeira e Godoy (1996) utilizam a seguinte relação empírica com o índice de resistência à penetração (N_{SPT}):

$$c = 10\, N_{SPT} \qquad (kPa)$$

Para a adoção do ângulo de atrito interno da areia, podemos utilizar a Fig. 1.6, que mostra correlações estatísticas entre os pares de valores (σ_v; N_{SPT}) e os prováveis valores de ϕ. Nessa figura, levamos em conta o efeito do confinamento das areias na sua resistência,

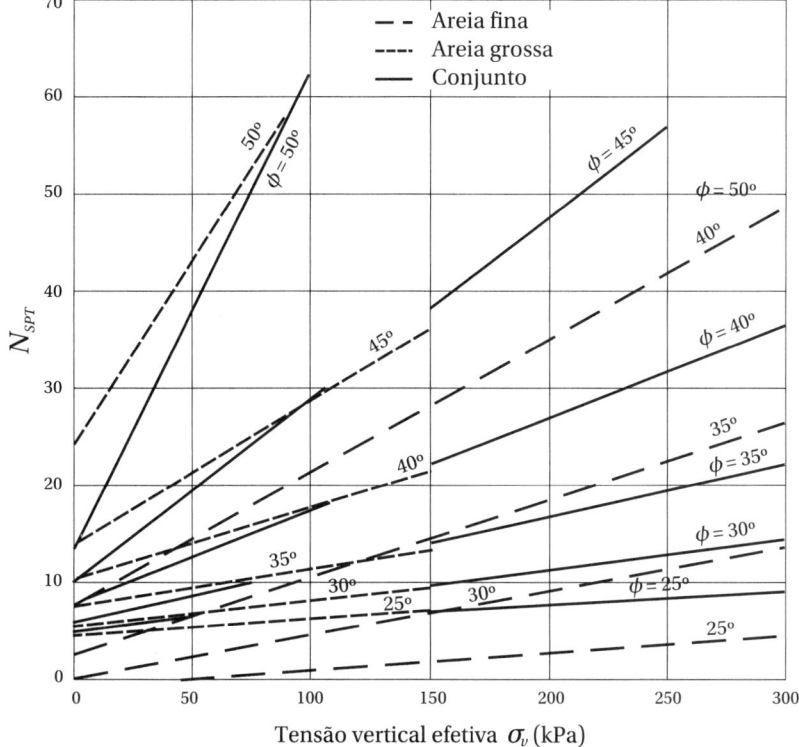

Fig. 1.6 *Ângulo de atrito interno (Mello, 1971)*

pois, para um mesmo valor de ϕ, maiores tensões geostáticas (σ_v) implicam maiores valores de N_{SPT}. De outro modo, para um mesmo valor de N_{SPT} em diferentes profundidades, temos uma diminuição no valor de ϕ com o aumento da profundidade (tensões geostáticas mais altas).

Ainda para a estimativa de ϕ, Godoy (1983) menciona a seguinte correlação empírica com o índice de resistência à penetração (N_{SPT}):

$$\phi = 28° + 0{,}4\ N_{SPT}$$

enquanto Teixeira (1996) utiliza:

$$\phi = \sqrt{20 N_{SPT}} + 15°$$

1.6.2 Peso específico

Se não houver ensaios de laboratório, podemos adotar o peso específico efetivo do solo a partir dos valores aproximados das Tabs. 1.12 e 1.13, em função da consistência da argila e da compacidade da areia, respectivamente. Os estados de consistência de solos finos e de compacidade de solos grossos, por sua vez, são dados em função do índice de resistência à penetração (N_{SPT}), de acordo com a NBR 6484:2001.

TAB. 1.12 Peso específico de solos argilosos

N_{SPT}	Consistência	γ (kN/m³)
≤ 2	Muito mole	13
3 - 5	Mole	15
6 - 10	Média	17
11 - 19	Rija	19
≥ 20	Dura	21

Fonte: Godoy (1972).

TAB. 1.13 Peso específico de solos arenosos

N_{SPT}	Compacidade	γ (kN/m³)		
		Areia seca	Areia úmida	Areia saturada
< 5	Fofa	16	18	19
5 - 8	Pouco compacta			
9 - 18	Medianamente compacta	17	19	20
19 – 40	Compacta	18	20	21
> 40	muito compacta			

Fonte: Godoy (1972).

1 Capacidade de Carga

Exercício Resolvido 1

Considerando estacas pré-moldadas de concreto centrifugado, com diâmetro de 0,33 m, carga de catálogo de 750 kN e comprimento de 12 m, cravadas em local cuja sondagem com N_{SPT} é representada na Fig. 1.7, com a ponta à cota –13 m, fazer a previsão da capacidade de carga dessa fundação utilizando o método Aoki-Velloso.

Fatores de correção

$$F_1 = 1 + \frac{D}{0,80} = 1 + \frac{0,33}{0,80} = 1,41$$

$$F_2 = 2\,F_1 = 2,82$$

Resistência lateral

De –1 m a –6 m: Areia argilosa com

$$N_{méd} = \frac{16}{5} \cong 3$$

K = 600 kPa e α = 3%

$$R_{L1} = \frac{0,03 \cdot 600 \cdot 3}{2,82} \cdot \pi \cdot 0,33 \cdot 5 = 99 \text{ kN}$$

De –6 m a –11 m: Areia argilosa com

$$N_{méd} = \frac{36}{5} \cong 7$$

K = 600 kPa e α = 3%

$$R_{L2} = \frac{0,03 \cdot 600 \cdot 7}{2,82} \cdot \pi \cdot 0,33 \cdot 5 = 232 \text{ kN}$$

De –11 m a –13 m: Areia argilosa com

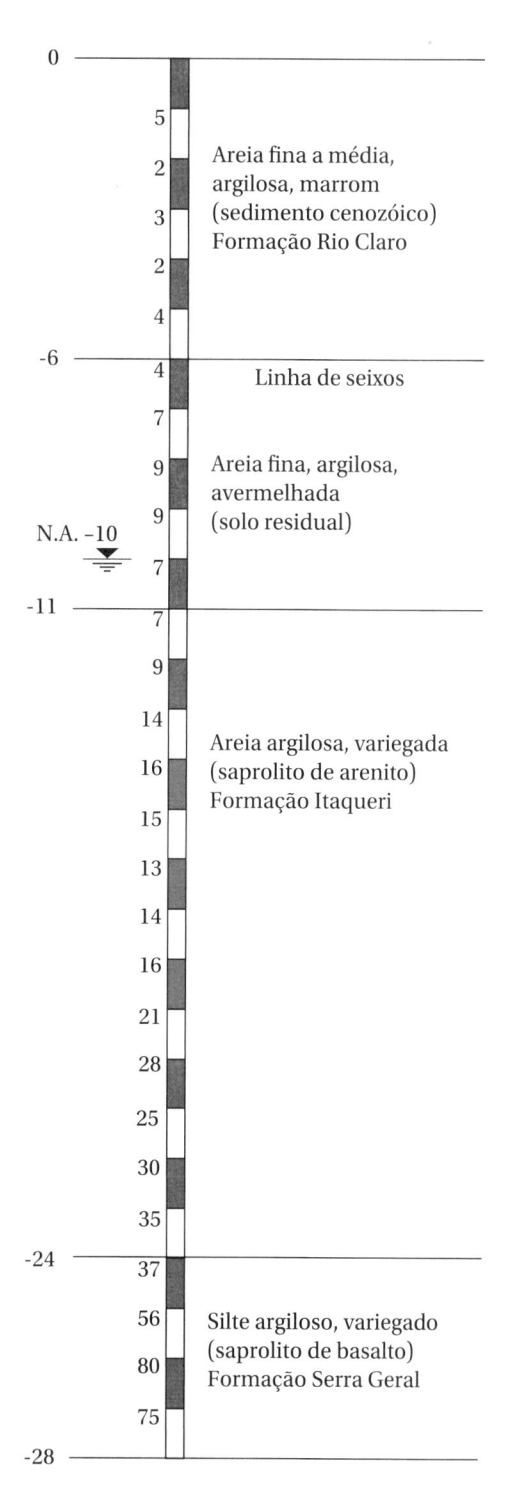

$$N_{méd} = \frac{16}{2} = 8$$

Fig. 1.7 *Perfil representativo com valores de* N_{SPT}

$K = 600\ kPa\quad e\quad \alpha = 3\%$

$$R_{L3} = \frac{0{,}03 \cdot 600 \cdot 8}{2{,}82} \cdot \pi \cdot 0{,}33 \cdot 2 = 106\ kN$$

$R_L = R_{L1} + R_{L2} + R_{L3} = 437\ kN$

Resistência de ponta (cota –13 m)

Areia argilosa com $N_{SPT} = 14$

$$R_p = \frac{600 \cdot 14}{1{,}41} \cdot \frac{\pi \cdot (0{,}33)^2}{4} = 510\ kN$$

Capacidade de carga

$R = R_L + R_p = 947\ kN \cong 950\ kN$

CARGA ADMISSÍVEL 2

No capítulo anterior, vimos que a capacidade de carga (R) de um elemento isolado de fundação por estaca corresponde à máxima resistência oferecida pelo sistema ou à condição de ruptura, do ponto de vista geotécnico, e aprendemos a utilizar os métodos semiempíricos para o cálculo de R, com base em resultados de SPT.

Agora, consideremos um estaqueamento com dezenas ou centenas de estacas de mesmo tipo e mesma seção transversal. Por causa da variabilidade do terreno, os valores de capacidade de carga não resultarão idênticos, possibilitando o tratamento matemático de R como uma variável aleatória e a construção do gráfico da função de densidade de probabilidade, $f_R(R)$. Considerando que os valores de R obedecem a uma distribuição normal, à semelhança do que ocorre com a tensão de ruptura à compressão de corpos de prova de concreto, apresentamos a Fig. 2.1, com destaque para dois valores particulares de R: o valor característico (R_k), com 5% de probabilidade de ocorrência de valores inferiores, e o valor médio ($R_{méd}$), com 50% de probabilidade de ocorrência de valores menores.

Cada um desses dois valores dá origem a uma filosofia de projeto. A primeira é desenvolvida a partir da resistência característica (R_k), cujo valor, reduzido por um fator de

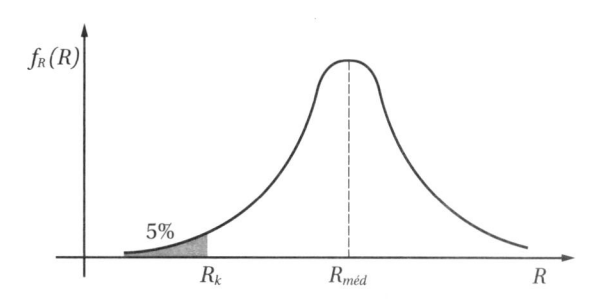

Fig. 2.1 *Distribuição normal dos valores de capacidade de carga*

minoração (γ_m), não deve ser inferior ao valor característico da solicitação (S_k) aumentado por um fator de majoração (γ_f), com γ_m e γ_f denominados **fatores de segurança parciais**. No caso de o material ser o concreto, empregamos γ_c em lugar de γ_m.

Na outra filosofia de projeto, utilizamos o valor médio de capacidade de carga ($R_{méd}$), introduzindo o conceito de **carga admissível** (P_a):

$$P_a = \frac{R_{méd}}{F_S}$$

em que F_S é o **fator de segurança global** ou, simplesmente, fator de segurança. O princípio dessa filosofia de projeto é garantir que a solicitação em cada estaca não seja superior à carga admissível.

Como veremos no Cap. 4, o fator de segurança global é definido pela relação entre os valores médios de resistência ($R_{méd}$) e de solicitação ($S_{méd}$):

$$F_S = R_{méd} / S_{méd}$$

o que implica a equivalência entre P_a e $S_{méd}$. Portanto, nessa filosofia de projeto, bastaria garantir que a solicitação média nas estacas não fosse superior à carga admissível ($P_a \geq S_{méd}$), mas a prática consagrou o procedimento, a favor da segurança, de verificar todos os valores disponíveis de solicitação ($P_a \geq S_i$).

Antigamente a carga admissível também era denominada **carga de trabalho**. Quanto à simbologia, também há o emprego de P_{adm} e de $\bar{P}$.

Ambas as filosofias, a de carga característica (fatores de segurança parciais) e a de carga admissível (fator de segurança global), já eram previstas na NBR 6122:1996 [1]. Mas elas são correlacionadas, uma vez que, denominando γ_R a relação entre os valores médio e característico de resistência ($\gamma_R = R_{méd} / R_k$) e γ_S a relação entre os valores característico e médio de solicitação ($\gamma_S = S_k / S_{méd}$), podemos demonstrar facilmente que o fator de segurança F_S pode ser expresso como o produto: $F_S = \gamma_S \, \gamma_f \, \gamma_m \, \gamma_R$.

Na prática brasileira de projeto de fundações, em termos geotécnicos, há preferência absoluta pela segunda filosofia, a de carga

---

[1] Na NBR 6122:2010 essas filosofias de projeto são tratadas, respectivamente, por "método dos valores de projeto" e "método dos valores admissíveis". Neste último é inclusa a condição $P_a \geq S_k$.

admissível. Adiante, na seção 2.3, veremos três metodologias de projeto para a determinação da carga admissível, o que constitui uma verificação do estado limite último (ELU), na análise de segurança da fundação. Essa verificação será complementada no Cap. 4, com o estudo de confiabilidade. Antes, no Cap. 3, incluiremos a verificação do estado limite de serviço (ELS).

Queremos enfatizar que o conceito de carga admissível não é aplicável a uma estaca individualmente, mas a todas as estacas (de mesma seção transversal) do estaqueamento. A confusão existe porque cada elemento de fundação por estaca tem o seu próprio fator de segurança, dado pela relação entre a sua capacidade de carga e a carga admissível, e assim, o fator de segurança global representa o fator de segurança médio de todos os elementos de fundação por estaca. É o estaqueamento, porém, que tem uma carga admissível.

Ocorre que, na prática de projeto, muitas vezes fazemos uma abordagem determinista, ao transformar os resultados de vários furos de SPT numa "sondagem média". Nesse caso, para cada possível cota de apoio da ponta da estaca, obtemos um único valor de R e, por isso, costumamos escrever:

$$P_a = \frac{R}{F_s}$$

o que pode induzir ao equívoco de considerar como carga admissível de uma estaca. Portanto, mesmo que a simbologia utilizada não seja clara quanto ao valor médio de capacidade de carga (R em vez de $R_{méd}$), no cálculo da carga admissível está sempre implícita a utilização do valor médio de R. Há confusão até entre capacidade de carga e carga admissível, como o faz o manual Abef (2004), na seção 3.10, p. 101.

Quanto ao fator de segurança, a NBR 6122:2010 estabelece que o F_s a ser utilizado para determinação da carga admissível é 2, quando a capacidade de carga é calculada por método semiempírico (de acordo com a definição de fator de segurança global, esse mínimo de 2 deve ser respeitado para o valor médio de R, e não para cada valor de R). Além disso, essa norma preconiza que, no caso específico de estacas escavadas, no máximo 20% da carga admissível pode ser suportada pela ponta da estaca, o que equivale a um mínimo de 80% para a resistência lateral. Assim:

$$R_L \geq 0,8 P_a$$

ou seja:

$$P_a \leq 1,25 R_L$$

A NBR 6122:1996 prescrevia que, quando a estaca tivesse sua ponta em rocha e se pudesse comprovar o contato entre o concreto e a rocha em toda seção transversal da estaca, toda a carga podia ser absorvida pela resistência de ponta, adotando-se, nesse caso, um fator de segurança não inferior a 3. Daí,

$$P_a \leq \frac{R_p}{3}$$

Quanto às recomendações dos próprios autores, Aoki e Velloso (1975) adotam o mesmo fator de segurança global normatizado de 2:

$$P_a = \frac{R}{2} = \frac{R_L + R_p}{2}$$

enquanto Décourt e Quaresma (1978) utilizam fatores de segurança diferenciados (que não devem ser confundidos com os fatores de segurança parciais) para as parcelas de resistência de ponta e de atrito:

$$P_a = \frac{R_p}{4} + \frac{R_L}{1,3}$$

Por último, Teixeira (1996) adota $F_S = 2$:

$$P_a = \frac{R}{2}$$

exceto para estacas escavadas a céu aberto, para as quais introduz fatores de segurança diferenciados:

$$P_a = \frac{R_p}{4} + \frac{R_L}{1,5}$$

No caso de ocorrência de atrito negativo (tratado no capítulo anterior), representado por $R_L(-)$, a NBR 6122:2010 preconiza que o seu valor seja descontado da carga admissível:

$$P_a = \frac{R_p + R_L}{F_S} - R_L(-)$$

Em vez de "fator de segurança" também é usada a expressão **coeficiente de segurança**. Preferimos "fator de segurança" porque a análise dimensional estabelece a indicação dos termos **fator** e índice para grandezas adimensionais, enquanto **coeficiente** e módulo seriam reservados para grandezas dimensionais.

2.1 Carga de catálogo

Uma outra verificação do estado limite último contempla exclusivamente a estaca, cada tipo em particular, sem levar em conta o aspecto geotécnico. Se considerarmos uma espécie de tensão admissível[2] do material da estaca (σ_e), a sua multiplicação pela área da seção transversal do fuste resulta uma carga admissível da estaca (P_e).

Alguns confundem essa carga admissível da estaca (P_e) com a carga admissível da fundação (P_a), a qual considera o aspecto geotécnico. Para evitar esse equívoco, preferimos denominar P_e como **carga de catálogo**, pelo motivo óbvio de ser o valor de carga indicado no catálogo do fabricante ou executor da estaca, em função da seção transversal do fuste e do tipo de estaca.

Conhecidos os dois valores (P_a e P_e), devemos adotar o menor deles para garantir segurança ao elo mais fraco do sistema (elemento geotécnico ou elemento estrutural). A estaca (elemento estrutural) não é necessariamente o elo mais forte. Podemos ter estaca apoiada em material muito resistente ou estaca demasiadamente longa, de maneira tal que a resistência geotécnica seja superior à estrutural.

Na prática de projeto, como a carga de catálogo é definida inicialmente, ela passa a representar o limite superior para a carga admissível da fundação:

$$P_a \leq P_e$$

Até 1995, tínhamos valores de carga de catálogo – que agora vamos denominar de valores tradicionais – obtidos com base no conceito de tensão admissível. Com o advento da NBR 6122:1996,

[2] O conceito de tensão admissível, que já foi utilizado em projetos de estruturas décadas atrás, é dado pela relação entre o valor médio da resistência à compressão e um fator de segurança global que, no caso do concreto, era igual a 3.

foi introduzida a filosofia de carga característica, com a prescrição, para os diversos tipos de estaca, de valores do fator de minoração de resistência e de valores máximos de resistência característica (γ_c e f_{ck}, respectivamente, no caso de estaca de concreto), e definida a **carga estrutural admissível**, cujo valor passou a constar dos catálogos. Em consequência, houve um aumento significativo da carga de catálogo, conforme demonstrado na Tab. 2.1, para o caso da estaca escavada a seco, com trado helicoidal, em que o acréscimo médio resultou em 26%. Por prudência, alguns autores adotaram a estratégia de mencionar os dois valores, como é o caso de Velloso e Lopes (2002).

Tab. 2.1 Carga de catálogo tradicional e Carga estrutural admissível da estaca escavada mecanicamente com trado helicoidal

Diâmetro (cm)	Carga de catálogo tradicional P_e (kN)	Carga estrutural admissível (kN)
Ø 25	200	250
Ø 30	300	360
Ø 35	400	490
Ø 40	500	640
Ø 45	600	810
Ø 50	800	1.000

Fonte: Falconi, Souza Filho e Fígaro (1998).

Trata-se de uma confusão de filosofias de projeto, pois carga admissível corresponde a uma resistência média dividida por um fator de segurança global.

Nas Tabs. 2.2 a 2.6, apresentamos as cargas de catálogo mencionadas na literatura brasileira, para os tipos mais usuais de estacas, em função da seção transversal do fuste. Optamos pelos valores decorrentes da NBR 6122:1996, mas citando, quase sempre, a respectiva tensão admissível à compressão do material da estaca (σ_e), que dava origem às cargas de catálogo anteriores a 1996. Na Tab. 2.2, para estacas pré-moldadas, observamos os valores de σ_e compreendidos entre 6 e 14 MPa, mas a NBR 6122:1996 limitava ao máximo de 6 MPa quando não fosse realizada prova de carga.

Na subdivisão dos tipos de estacas constantes dessas tabelas, consideramos como estacas cravadas aquelas constituídas por

Tab. 2.2 Estaca pré-moldada de concreto

Estaca	Dimensão* (cm)	Carga de catálogo P_e (kN)
Pré-moldada vibrada quadrada σ_e = 6 a 10 MPa	20 x 20 25 x 25 30 x 30 35 x 35	400 600 900 1.200
Pré-moldada vibrada circular σ_e = 9 a 11 MPa	Ø 22 Ø 29 Ø 33	400 600 800
Pré-moldada protendida circular σ_e = 10 a 14 MPa	Ø 20 Ø 25 Ø 33	350 600 900
Pré-moldada centrifugada σ_e = 9 a 11 MPa (seção vazada)	Ø 20 Ø 23 Ø 26 Ø 33 Ø 38 Ø 42 Ø 50 Ø 60 Ø 70	300 400 500 750 900 1.150 1.700 2.300 3.000

Fonte: adaptada de Alonso (1998a) e Velloso e Lopes (2002)*.
*Velloso e Lopes (2002) apresentam também os valores tradicionais.

Tab. 2.3 Estaca de aço

Perfil	Tipo/ Dimensão	Carga de catálogo P_e (kN)
Trilho usado $\sigma_e \cong$ 80 MPa Verificar grau de desgaste e alinhamento	TR 25 TR 32 TR 37 TR 45 TR 50 2 TR 32 2 TR 37 3 TR 32 3 TR 37	200 250 300 350 400 500 600 750 900
Perfis I e H Descontar 1,5 mm para corrosão e aplicar σ_e = 120 MPa	H 6" I 8" I 10" I 12" 2 I 10" 2 I 12"	400 300 400 600 800 1.200

Fonte: Velloso e Lopes (2002).

Tab. 2.4 Estaca de madeira

Madeira	Diâmetro (cm)	Carga de catálogo P_e (kN)*
σ_e = 4,0 MPa	Ø 20 Ø 25 Ø 30 Ø 35 Ø 40	150 200 300 400 500

*Esses valores representam apenas uma ordem de grandeza, pois dependem do tipo e da qualidade da madeira.
Fonte: Alonso (1998a).

elementos pré-fabricados (de concreto, aço ou madeira) e como estacas escavadas as obtidas pela perfuração com retirada do solo, seguida da concretagem *in situ* sem qualquer possibilidade de melhoria do solo circundante. Em consequência, algumas estacas resultaram como sendo de outros tipos.

Tab. 2.5 Estaca escavada

Estaca	Dimensão (cm)	Carga de catálogo P_e (kN)
Broca σ_e = 3 a 4 MPa (Velloso e Lopes, 2002)	Ø 20	150
	Ø 25	200
Strauss* σ_e = 4 MPa (Falconi, Souza Filho e Fígaro, 1998)	Ø 22	200
	Ø 27	300
	Ø 32	400
	Ø 42	700
	Ø 52	1.070
Escavada com trado helicoidal (a seco) σ_e = 4 MPa (Falconi, Souza Filho e Fígaro, 1998)	Ø 25	250
	Ø 30	360
	Ø 35	490
	Ø 40	640
	Ø 45	810
	Ø 50	1.000
Estacão (escavada com lama bentonítica) σ_e = 4 MPa** (Saes, 1998)	Ø 60	1.100
	Ø 70	1.500
	Ø 80	2.000
	Ø 100	3.100
	Ø 120	4.500
	Ø 140	6.200
	Ø 150	7.100
	Ø 160	8.200
	Ø 180	10.100
	Ø 200	12.500
Estaca diafragma ou barrete σ_e = 4 MPa** (Saes, 1998)	40 x 250	4.000
	50 x 250	5.000
	60 x 250	6.000
	80 x 250	8.000
	100 x 250	10.000
	120 x 250	12.000
	30 x 320	3.800
	40 x 320	5.100
	50 x 320	6.400
	60 x 320	7.600

* Diâmetro externo do revestimento.
** Saes (1998) apresenta valores de Pe também para σ_e = 5 e 6 MPa.

Tab. 2.6 Outros tipos de estaca

Estaca	Diâmetro (cm)	Carga de catálogo P_e (kN)
Apiloada σ_e = 4 MPa	Ø 20	150
	Ø 25	200
Franki σ_e = 6 MPa (Maia, 1998)	Ø 30	450
	Ø 35	550
	Ø 40	800
	Ø 52	1.300
	Ø 60	1.700
Raiz* (Alonso, 1998b)	Ø 10	100-150
	Ø 12	100-250
	Ø 15	100-350
	Ø 16	100-450
	Ø 20	100-600
	Ø 25	250-800
	Ø 31	300-1.100
	Ø 41	500-1.500
Hélice contínua σ_e = 6 MPa (Antunes e Tarozzo, 1998)	Ø 27,5	350
	Ø 30	450
	Ø 35	600
	Ø 40	800
	Ø 42,5	900
	Ø 50	1.250
	Ø 60	1.800
	Ø 70	2.450
	Ø 80	3.200
	Ø 90	4.000
	Ø 100	5.000

* Diâmetro final, em vez do diâmetro do tubo. A carga de catálogo depende da armadura utilizada.

2.2 Escolha do tipo de estaca

Para a escolha do tipo de fundação, normalmente dispomos de dados da edificação (tipo, porte, localização, valores das cargas de pilar etc.) e dados do terreno (sondagens SPT, principalmente). A localização específica leva em conta a vizinhança da edificação, o que pode restringir certos tipos de fundação, em decorrência, por exemplo, da necessidade de limitação dos níveis de ruído e de vibração. A localização mais ampla, em termos da distância de centros urbanos mais importantes, deve considerar a disponibilidade de equipamento para certos tipos de fundação. Por sua vez, a ordem de grandeza das cargas de pilar implica a exclusão de certos tipos de estaca, o que também pode ocorrer, por exemplo, por causa da posição do nível d'água.

Dessa forma, a análise dos dados da edificação e do terreno permite delimitar os tipos de fundação tecnicamente viáveis, recaindo a escolha final sobre os fatores custo e prazo de execução.

Feita a opção por determinado tipo de estaca, essa escolha já inclui a definição do diâmetro ou seção transversal do fuste da estaca, de acordo com as cargas de catálogo de fabricantes ou executores desse tipo de estaca, como as apresentadas na seção anterior. Se a variação das cargas de pilar for muito ampla, podemos trabalhar com dois ou até três diâmetros, no mesmo projeto. E aí, para cada diâmetro, procedemos como se fosse um estaqueamento separado, com a sua carga admissível.

Para cada tipo de estaca, devemos considerar dois aspectos relativos à exequibilidade. Um deles refere-se ao comprimento máximo limitado pelo equipamento disponível; o outro refere-se à diminuição da eficiência do equipamento com o aumento da resistência dos solos, chegando a provocar a parada da estaca. Em termos práticos, podemos estabelecer, para cada tipo de estaca, uma faixa de valores de N_{SPT} em que costuma ocorrer a parada da estaca. Esses valores, apresentados na Tab. 2.7, podem ser interpretados como os limites máximos para a penetrabilidade no terreno (cravabilidade ou escavabilidade), desde que não haja recursos executivos adicionais para garantir a penetração exigida.

2.3 METODOLOGIAS DE PROJETO

Em termos geotécnicos, todo projeto de fundações por estacas culmina com a previsão da cota de parada das estacas e a fixação da carga admissível (como já discutimos, dependendo da amplitude da variação das cargas de pilar, poderemos projetar mais de uma carga admissível; nesse caso, basta considerar cada subconjunto de pilares como se fosse um estaqueamento com sua carga admissível).

TAB. 2.7 Valores limites de N_{SPT} para a parada das estacas

Tipo de estaca		N_{lim}
Pré-moldada de concreto	$\emptyset < 30$ cm	$15 < N_{SPT} < 25$ $\Sigma N_{SPT} = 80$
	$\emptyset \geq 30$ cm	$25 < N_{SPT} \leq 35$
Perfil metálico		$25 < N_{SPT} \leq 55$
Tubada (oca, ponta fechada)		$20 < N_{SPT} \leq 40$
Strauss		$10 < N_{SPT} \leq 25$
Franki	em solos arenosos	$8 < N_{SPT} \leq 15$
	em solos argilosos	$20 < N_{SPT} \leq 40$
Estacão e diafragma, com lama bentonítica		$30 < N_{SPT} \leq 80$
Hélice contínua		$20 < N_{SPT} \leq 45$
Ômega		$20 < N_{SPT} \leq 40$
Raiz		$N_{SPT} \geq 60$ (penetra na rocha sã)

Para tratar didaticamente da determinação da carga admissível, vamos abordar três metodologias de projeto, apresentadas originalmente por Aoki e Cintra (2000, 2001). Embora interdependentes, como veremos adiante, num primeiro momento vamos estudá-las separadamente. Nas três, vamos considerar a prática usual de trabalhar com a sondagem média (sem fazer a sondagem média, subdividimos o estaqueamento em regiões de abrangência de cada furo de sondagem e analisamos em separado cada uma dessas regiões).

1ª Metodologia

Escolhido o tipo de estaca e o diâmetro ou seção transversal do fuste, temos a correspondente carga de catálogo. Então, adotamos a carga admissível como sendo a própria carga de catálogo e, multiplicando pelo fator de segurança, obtemos o valor necessário da capacidade de carga. Em seguida, por tentativas, e utilizando um dos métodos semiempíricos, procuramos o comprimento da estaca (L) compatível com essa capacidade de carga:

$$P_a = P_e \rightarrow R = P_a F_s \rightarrow L$$

Essa metodologia tem a vantagem de otimizar o aproveitamento da estaca, mas, como veremos adiante, muitas vezes é imperioso que a carga admissível seja inferior à carga de catálogo.

2ª Metodologia

Uma limitação do equipamento pode impor um comprimento máximo ($L_{máx}$) exequível para a estaca. De modo semelhante, a posição do nível d'água pode caracterizar uma profundidade máxima, dependendo do tipo de estaca.

Então, adotamos o comprimento da estaca como sendo esse valor máximo, calculamos a capacidade de carga por um dos métodos semiempíricos e, aplicando o fator de segurança, chegamos à carga admissível:

$$L = L_{máx} \rightarrow R \rightarrow P_a = \frac{R}{F_s}$$

3ª Metodologia

Como vimos na Tab. 2.7, para cada tipo de estaca há uma faixa de valores de N_{SPT} que provocam a parada da estaca, por causa da ineficiência do equipamento a partir desses valores.

Então, na sondagem contemplamos os valores de N_{SPT} que estão dentro desses limites (N_{lim}), os quais indicam as prováveis cotas de parada da estaca ou os seus prováveis comprimentos (L). Para cada um desses comprimentos, calculamos a capacidade de carga e a carga admissível:

$$N_{lim} \rightarrow L \rightarrow R \rightarrow P_a = \frac{R}{F_s}$$

2.3.1 Interdependência das metodologias

Essas três metodologias de projeto são interdependentes, ou seja, a preferência por uma delas não significa que ela possa ser seguida até o final. Sempre devemos verificar as outras duas para, se for o caso, mudar de metodologia, dada a interdependência entre elas.

Quando empregamos a 1ª metodologia ($P_a = P_e$), pode ocorrer que o comprimento encontrado para a estaca seja superior ao máximo exequível. Nesse caso, adotamos $L = L_{máx}$ e passamos para a 2ª metodologia. Ou encontramos um comprimento L que, para ser atingido, exigiria atravessar camadas com valores de N_{SPT} além dos limites de eficiência do equipamento. Nesse caso, mudamos para a 3ª metodologia. Em ambos os casos, a carga admissível resultará inferior à carga de catálogo.

Se começamos pela 2ª metodologia, pode resultar uma carga admissível superior à carga de catálogo, o que indica a necessidade de passarmos para a 1ª metodologia. Ou encontramos um comprimento L que, para ser atingido, exigiria atravessar camadas com valores de N_{SPT} além dos limites de eficiência do equipamento. Nesse caso, mudamos para a 3ª metodologia.

Finalmente, se iniciamos pela 3ª metodologia, pode resultar uma carga admissível superior à carga de catálogo, o que indica a necessidade de passarmos para a 1ª metodologia. Ou pode ocorrer que o comprimento encontrado para a estaca seja superior ao máximo exequível. Nesse caso, adotamos $L = L_{máx}$ e passamos para a 2ª metodologia.

O Quadro 2.1 resume a referida interdependência das três metodologias.

Quadro 2.1 Metodologias

1ª $\quad P_a = P_e \rightarrow L$
- $L \leq L_{máx}$ e $N_{SPT} \leq N_{lim} \rightarrow ok!$
- $L > L_{máx} \rightarrow$ 2ª
- $N_{SPT} > N_{lim} \rightarrow$ 3ª

2ª $\quad L = L_{máx} \rightarrow R \rightarrow P_a$
- $P_a \leq P_e$ e $N_{SPT} \leq N_{lim} \rightarrow ok!$
- $P_a > P_e \rightarrow$ 1ª
- $N_{SPT} > N_{lim} \rightarrow$ 3ª

3ª $\quad N_{lim} \rightarrow L \rightarrow R \rightarrow P_a$
- $P_a \leq P_e$ e $L \leq L_{máx} \rightarrow ok!$
- $P_a > P_e \rightarrow$ 1ª
- $L > L_{máx} \rightarrow$ 2ª

Concluímos que é preciso conhecer as três metodologias, pois temos a liberdade de escolher uma delas para iniciar, mas não sabemos qual delas vai prevalecer, caso a caso.

O fato de o projetista fixar cegamente uma única metodologia pode conduzir a projetos desvinculados da realidade de execução, como, por exemplo, utilizar apenas a primeira metodologia para a definição da carga admissível, o que pode resultar em comprimentos de estaca impraticáveis na execução.

Exercício Resolvido 2

Para os mesmos dados do Exercício Resolvido 1 (Cap. 1), determinar a carga admissível do estaqueamento:
  a. considerando que 12 m é o máximo comprimento disponível dessa estaca, e que, por opção didática, não haverá emenda de estaca;
  b. considerando a possibilidade de emendar as estacas.

Soluções:

a. A opção por não emendar as estacas impõe $L = L_{máx} = 12$ m, condição esta para a qual, no Exercício Resolvido 1, encontramos $R = 950$ kN. Examinando as três metodologias:

1ª. $P_a = P_e = 750$ kN → $R = 2 \cdot 750$ kN $= 1.500$ kN → L » 12 m → 2ª metodologia

2ª. $L = L_{máx} = 12$ m → ok! ($R < 1.500$ kN e $N_{SPT} = 14 < N_{lim}$)

3ª. $25 < N_{SPT} \leq 35$ → $L = 19$ a 23 m » 12 m → 2ª metodologia

Prevaleceu a 2ª metodologia, com $L = 12$ m e $R = 950$ kN. Aplicando o fator de segurança 2, temos a carga admissível:

$$P_a = \frac{R}{2} = \frac{950}{2} = 475 \cong 500 \text{ kN}$$

b. Considerando a possibilidade de emendar as estacas, fica descartada a 2ª metodologia, pois, nesse caso, não há comprimento máximo preestabelecido.

Examinemos as outras duas metodologias, começando pela primeira. Vamos, por tentativas, procurar o comprimento da estaca necessário para que $P_a = P_e = 750$ kN.

Aproveitando os dados obtidos no Exercício Resolvido 1, vamos recalcular apenas a última parcela de resistência lateral (R_{L3}) e a resistência de ponta (R_p), e construir a Tab. 2.8:

Tab. 2.8 Parcelas de resistência e carga admissível

Cota da ponta (m)	N_{SPT}	R_{L1} (kN)	R_{L2} (kN)	R_{L3} (kN)	R_L (kN)	R_p (kN)	R (kN)	P_a (kN)
-13	14	99	232	106	437	510	950	500
-14	16	99	232	199	523	582	1.105	550
-15	15	99	232	291	622	546	1.168	600
-16	13	99	232	397	728	473	1.201	600
-17	14	99	232	476	807	510	1.317	650
-18	16	99	232	602	933	582	1.515	750
-19	21	99	232	688	1.019	764	1.783	900

Logo, a estaca deverá ter a ponta na cota –18 m (L = 17 m), com P_a = 750 kN.

Pela 3ª metodologia, temos os valores limite de N_{SPT} que correspondem à parada da estaca, no caso de pré-moldada com diâmetro superior a 0,30 m:

$$25 < N_{SPT} \leq 35$$

o que levaria a estaca até as cotas –20 m a –24 m (L = 19 m a 23 m). Esses comprimentos de estaca, porém, resultariam em cargas admissíveis bem superiores ao limite máximo imposto pela carga de catálogo (P_e = 750).

Portanto, prevalece a 1ª metodologia, com L = 17 m e P_a = 750 kN.

Obs.: A verificação do recalque será feita nos Exercícios Resolvidos 3 a 5, no próximo capítulo.

Recalques 3

Seja uma estaca qualquer, de comprimento L, embutida no terreno, e com a sua base distante C da profundidade em que se encontra a superfície do indeslocável, como representada na Fig. 3.1A (a superfície do indeslocável, abaixo da qual podemos desprezar as deformações decorrentes das cargas aplicadas ao maciço, é determinada pelo topo rochoso ou o topo da camada de solo tão rígida que possa ser considerada "indeformável"). A aplicação de uma carga vertical P na cabeça dessa estaca provocará dois tipos de deformações[1]:

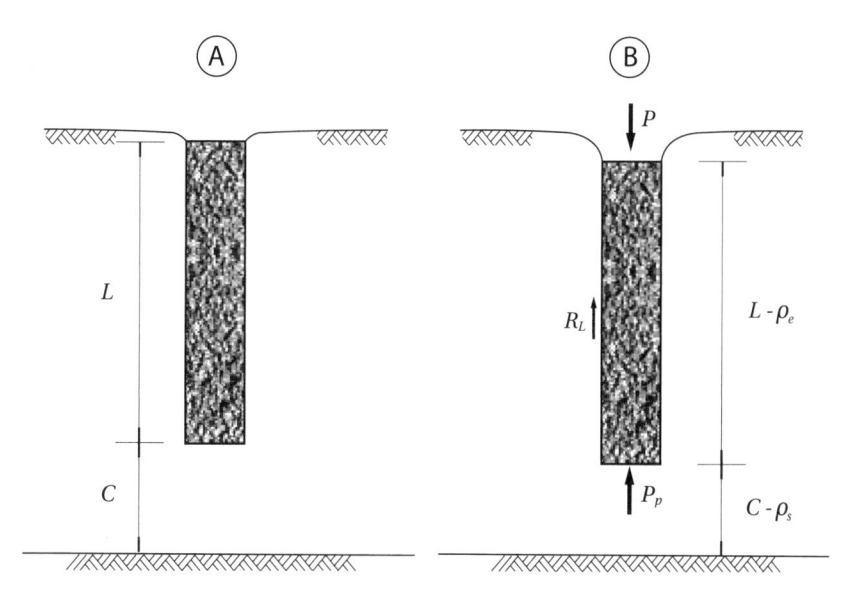

Fig. 3.1 *Parcelas de recalque da estaca*

1ª. o encurtamento elástico da própria estaca, como peça estrutural submetida a compressão, o que equivale a um recalque de igual magnitude da cabeça da estaca (ρ_e), mantida imóvel a sua base;

[1] A variação de distância entre dois pontos quaisquer de um corpo constitui uma deformação. O deslocamento de um ponto é a mudança de sua posição em relação a um sistema fixo de referência. Recalque de um ponto da estrutura é o seu deslocamento vertical, de cima para baixo. Para monitorar os recalques de pontos da estrutura, em geral nos pilares ao nível do terreno, transportamos a referência fixa (superfície rochosa ou camada suposta indeformável) para a superfície do terreno, por meio da execução dos chamados *benchmarks*.

2ª. as deformações verticais de compressão dos estratos de solo subjacentes à base da estaca, até o indeslocável, o que resulta um recalque (ρ_s) da base. Em consequência, conforme indicado na Fig. 3.1B, o comprimento L será diminuído para:

$$L - \rho_e$$

e a distância C, reduzida para:

$$C - \rho_s$$

Portanto, considerados esses dois efeitos, a cabeça da estaca sofrerá um recalque (ρ), ou um deslocamento total, vertical, para baixo, dado por:

$$\rho = \rho_e + \rho_s$$

3.1 Encurtamento elástico

Para o cálculo do encurtamento elástico, vamos construir o diagrama de esforço normal ao longo da estaca, por meio de uma metodologia adaptada de Aoki (1979). Retomando a estaca da Fig. 3.1, suposta cilíndrica, maciça, de concreto, e atravessando camadas distintas de solo (por exemplo, três), consideremos que seja conhecida a capacidade de carga (R) desse elemento de fundação:

$$R = R_p + R_L = R_p + (R_{L1} + R_{L2} + R_{L3})$$

Além disso, admitamos que:

1ª. a carga vertical P, aplicada na cabeça da estaca, seja superior à resistência lateral (R_L), isto é, um valor intermediário entre a resistência lateral e a capacidade de carga (R):

$$R_L < P < R$$

2ª. todo o atrito lateral (R_L) esteja mobilizado; e

3ª. a reação mobilizada na ponta (P_p), que é inferior à resistência de ponta na ruptura (R_p), seja o suficiente para o equilíbrio das forças:

$$P_p = P - R_L < R_p$$

Examinando essa estaca, ao longo da profundidade (z), podemos observar a diminuição do esforço normal P(z), de um valor máximo P (na cabeça da estaca) até um mínimo P_p (na base da estaca), por conta da transferência de carga que ocorre da estaca para o solo circundante, devido à resistência lateral que o solo oferece. Supondo linear a variação de P(z) em cada segmento de estaca correspondente a uma camada de solo, podemos esboçar um diagrama simplificado para o esforço normal na estaca, tal como apresentado na Fig. 3.2, em que P_1, P_2 e P_3 representam os valores médios do esforço normal nos segmentos de estaca, de comprimentos L_1, L_2 e L_3, respectivamente, de cima para baixo.

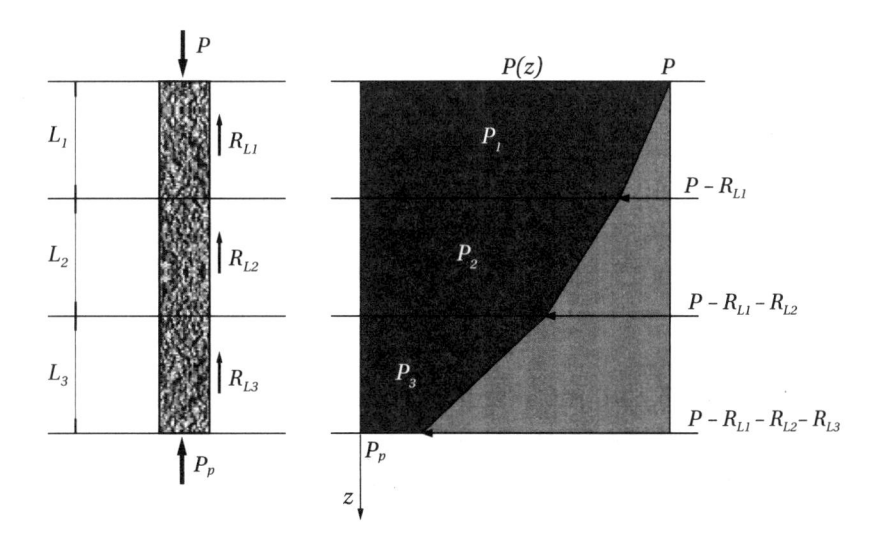

Fig. 3.2 *Diagrama de esforço normal na estaca*

Dessa figura, temos:

$$P_1 = P - \frac{R_{L1}}{2}$$

$$P_2 = P - R_{L1} - \frac{R_{L2}}{2}$$

$$P_3 = P - R_{L1} - R_{L2} - \frac{R_{L3}}{2}$$

Finalmente, aplicando a lei de Hooke, obtemos o encurtamento elástico da estaca:

$$\rho_e = \frac{1}{A \cdot E_c} \cdot \Sigma (P_i \cdot L_i)$$

em que A é a área da seção transversal do fuste da estaca e E_c é o módulo de elasticidade do concreto, suposto constante. Na ausência de valor específico de E_c, podemos considerar:

E_c = 28 a 30 GPa para estaca pré-moldada;
E_c = 21 GPa para hélice contínua, Franki e estacão;
E_c = 18 GPa para Strauss e escavada a seco.

Para o aço, temos E = 210 GPa, enquanto para a madeira, podemos citar apenas a ordem de grandeza: E = 10 GPa.

No caso de um pilar de concreto com módulo de elasticidade E_c, altura L e seção transversal constante com área A, o diagrama de esforço normal é constante e igual a P, e o encurtamento elástico $\rho_p = PL/AE_c$.

3.2 Recalque do solo

Pelo princípio da ação e reação, a estaca aplica cargas R_{Li} ao solo, ao longo do contato com o fuste, e transmite a carga P_p ao solo situado junto à sua base. Devido a esse carregamento, as camadas situadas entre a base da estaca e a superfície do indeslocável sofrem deformações que resultam no recalque (ρ_s) do solo e, portanto, da base da estaca, conforme esquematizado na Fig. 3.3.

De acordo com Vesic (1975), esse deslocamento (ρ_s) pode ser subdividido em duas parcelas:

$$\rho_s = \rho_{s,p} + \rho_{s,L}$$

em que $\rho_{s,p}$ é o recalque devido à reação de ponta e $\rho_{s,L}$ é a parcela relativa à reação às cargas laterais.

3 Recalques

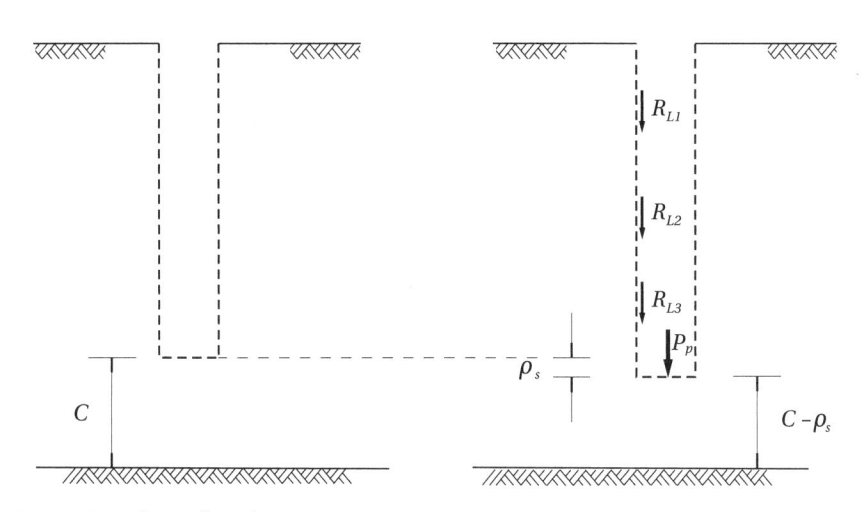

Fig. 3.3 *Recalque do solo*

Para deduzir uma expressão para a estimativa do recalque (ρ_s), vamos seguir a metodologia de Aoki (1984). Primeiro, consideremos a força P_p, vertical para abaixo, aplicada ao solo, provocando um acréscimo de tensões numa camada subjacente qualquer, de espessura H, e que h seja a distância vertical do ponto de aplicação da força ao topo dessa camada, de acordo com a Fig. 3.4.

Supondo a propagação de tensões 1:2, o acréscimo de tensões na linha média dessa camada é dado pela expressão:

$$\Delta\sigma_p = \frac{4P_p}{\pi\left(D+h+\dfrac{H}{2}\right)^2}$$

em que D é o diâmetro da base da estaca. Para uma base quadrada, teríamos uma expressão similar.

De maneira análoga, as reações às parcelas de resistência lateral constituem forças aplicadas pela estaca ao solo, verticais para baixo, as quais também provocam acréscimo de tensões naquela mesma camada. A Fig. 3.5 ilustra essa condição para a força R_{Li}, relativa a um segmento intermediário da estaca, considerando seu ponto de aplicação como o centroide desse segmento.

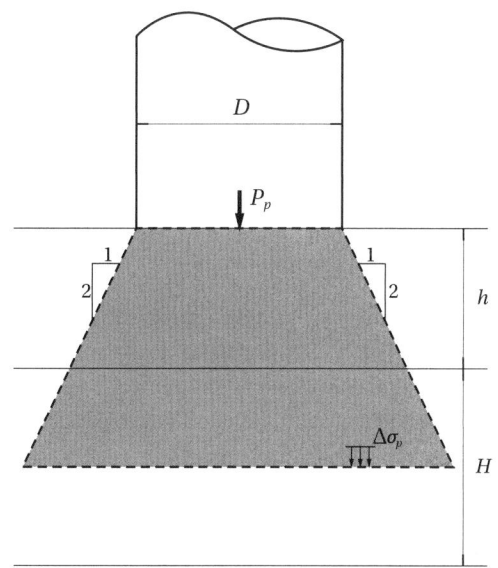

Fig. 3.4 *Propagação de tensões devido à reação de ponta*

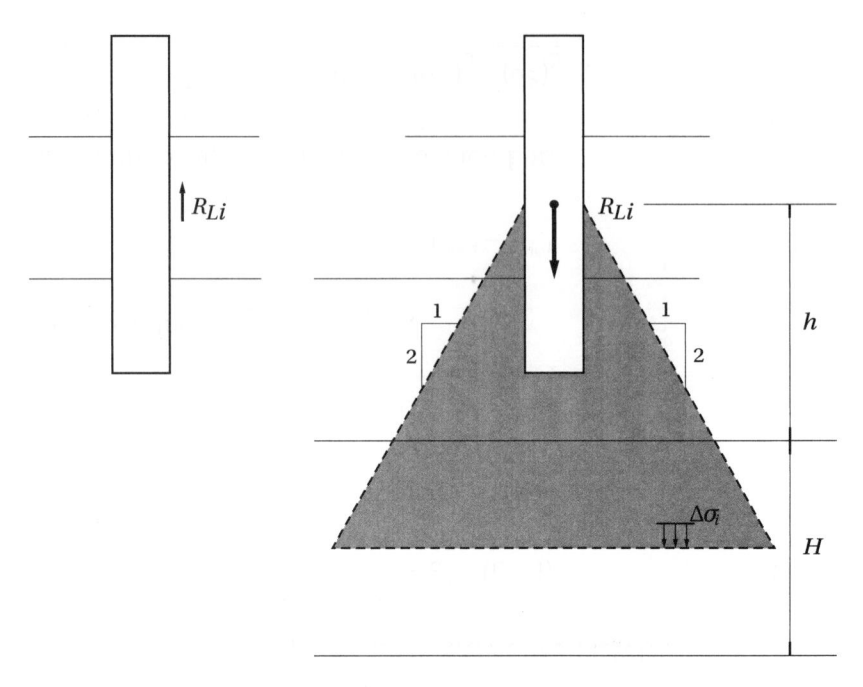

Fig. 3.5 *Propagação de tensões devido às cargas laterais*

Nessas condições, a expressão para o acréscimo de tensões será:

$$\Delta\sigma_i = \frac{4 R_{Li}}{\pi \left(D + h + \dfrac{H}{2}\right)^2}$$

em que D é o diâmetro do fuste da estaca (seção circular).

Assim, levando em conta todas as parcelas R_{Li} mais a força P_p, o acréscimo total de tensões ($\Delta\sigma$) na camada será dado por:

$$\Delta\sigma = \Delta\sigma_p + \Sigma\, \Delta\sigma_i$$

Repetindo esse procedimento, podemos estimar o acréscimo de tensões para cada uma das camadas que quisermos considerar, a partir da base da estaca, até o indeslocável. Finalmente, o recalque devido ao solo (ρ_s) pode ser estimado pela Teoria da Elasticidade Linear:

$$\rho_s = \Sigma \left(\frac{\Delta\sigma}{E_s} H\right)$$

em que E_s é o módulo de deformabilidade da camada de solo, cujo valor pode ser obtido pela expressão a seguir, adaptada de Janbu (1963):

$$E_S = E_0 \left(\frac{\sigma_0 + \Delta\sigma}{\sigma_0}\right)^n$$

em que:

E_0 – módulo de deformabilidade do solo antes da execução da estaca;
σ_0 – tensão geostática no centro da camada;
n – expoente que depende da natureza do solo: $n = 0{,}5$ para materiais granulares e $n = 0$ para argilas duras e rijas (em areia, temos o aumento do módulo de deformabilidade em função do acréscimo de tensões, o que não ocorre nas argilas).

Para a avaliação de E_0, Aoki (1984) considera:

$E_0 = 6\ K\ N_{SPT}$ para estacas cravadas
$E_0 = 4\ K\ N_{SPT}$ para estacas hélice contínua
$E_0 = 3\ K\ N_{SPT}$ para estacas escavadas

em que K é o coeficiente empírico do método Aoki-Velloso (1975), função do tipo de solo.

3.3 Previsão da curva carga x recalque

Aoki (1979) propõe uma metodologia para a previsão da curva carga × recalque de um elemento de fundação por estaca, conhecido um ponto dessa curva e considerando aplicável a expressão de Van der Veen (1953):

$$P = R\ (1 - e^{-a \cdot \rho})$$

em que o parâmetro **a** define a forma da curva.

Assim, calculada a capacidade de carga (R) e feita a estimativa do recalque (ρ), para uma carga (P), compreendida entre R_L e $R/2$:

$$R_L < P \leq R/2$$

podemos determinar o valor de **a**:

$$a = -\ln(1 - P/R)/\rho$$

resultando conhecida a expressão matemática da curva carga × recalque.

3.4 Efeito de grupo

Os grupos de estacas apresentam sempre recalques superiores ao de uma estaca isolada, submetida à mesma carga. À semelhança do que vimos para a capacidade de carga, podemos equacionar esse efeito de grupo por meio de um fator α, de tal modo que:

$$\rho_g = \alpha\, \rho_i$$

em que ρ_g é o recalque do grupo e ρ_i, o recalque da estaca isolada.

Valores experimentais apontam, por exemplo, valores de α compreendidos entre 1,6 e 4,0, dependendo do tamanho e da forma do grupo, para modelos de estacas cravados em areia medianamente compacta (Cintra, 1987).

Algumas fórmulas existentes na literatura para a estimativa do fator α não são confiáveis, pois levam em conta exclusivamente parâmetros geométricos do grupo, enquanto as variáveis mais importantes são a deformabilidade do estrato de solo compreendido entre a base das estacas e o indeslocável, e a espessura desse estrato.

Há um caso de obra, por exemplo, em que grupos grandes de estacas sofreram recalques da mesma ordem que sofreria uma estaca isolada, porque as estacas estavam bem próximas do indeslocável.

O método mais interessante e abrangente para o cálculo de recalque de grupos de estacas é o de autoria de Aoki e Lopes (1975), porque leva em conta a interação entre todos os grupos e elementos isolados da fundação, estimando a contribuição de cada um nos recalques dos demais.

Na prática de projeto de fundações usuais por estacas, podemos considerar os valores de recalque admissível de Meyerhof (1976): 25 mm para fundações por estacas em areia, e 50 mm para funda-

3 Recalques

ções por estacas em argila, considerando grupos de estacas. No caso de estacas isoladas, impomos um fator de segurança de 1,5 à carga que provoca o recalque de 15 mm, em areia, ou de 25 mm, em argila. Desse modo, estabelecemos uma margem para que os grupos recalquem mais que a estaca isolada, mas provavelmente dentro dos limites indicados por Meyerhof.

Exercício Resolvido 3

Utilizando os dados dos Exercícios Resolvidos 1 e 2.a (Caps. 1 e 2, respectivamente), estimar o recalque das estacas, considerando o módulo de elasticidade do concreto E_c = 28 GPa em estaca pré-moldada.

a) Diagrama de transferência de carga (esforço normal na estaca)

Para a carga admissível (P_a = 500 kN) aplicada na cabeça da estaca, consideramos que as parcelas de atrito lateral são mobilizadas integralmente e que a reação na ponta (P_p) mobiliza apenas o suficiente para o equilíbrio das forças (ver Fig. 3.6):

$$P_p = 500 - (99 + 232 + 106) = 63 \text{ kN}$$

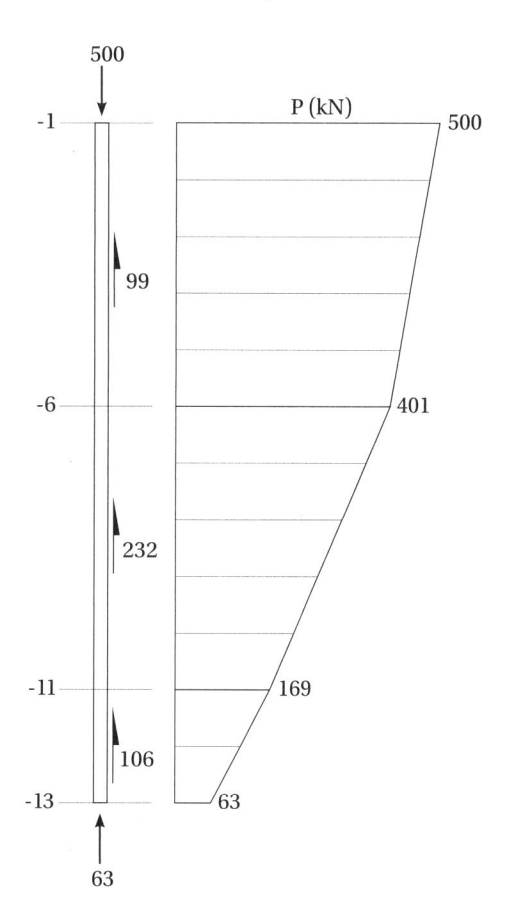

Fig. 3.6 *Diagrama de esforço normal na estaca*

b) Recalque devido ao encurtamento elástico do fuste

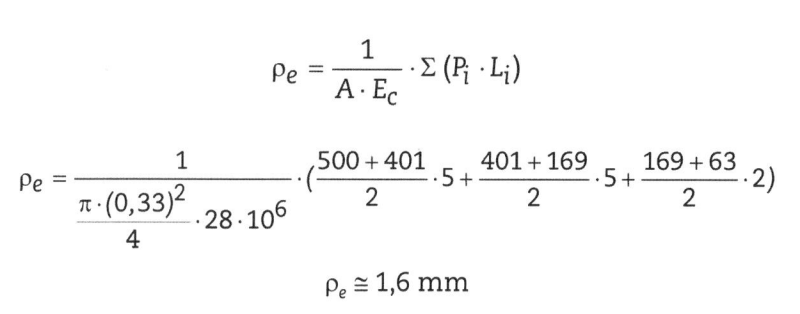

$$\rho_e = \frac{1}{A \cdot E_c} \cdot \Sigma (P_i \cdot L_i)$$

$$\rho_e = \frac{1}{\frac{\pi \cdot (0,33)^2}{4} \cdot 28 \cdot 10^6} \cdot \left(\frac{500+401}{2} \cdot 5 + \frac{401+169}{2} \cdot 5 + \frac{169+63}{2} \cdot 2\right)$$

$$\rho_e \cong 1,6 \text{ mm}$$

c) Recalque devido ao solo (ρ_s)

A partir da cota de apoio da ponta da estaca (–13 m), vamos considerar camadas de espessura de 1 m, para estimar o recalque de cada uma delas, até a camada de recalque zero ou até atingir o indeslocável. Para a estimativa do recalque de cada camada, devemos obter o acréscimo de tensões ($\Delta\sigma$), na linha média de cada camada, levando em conta as contribuições das reações laterais e da reação de ponta.

Os resultados estão indicados na Tab. 3.1.

Tab. 3.1 Acréscimo de tensões

Camada	H(m)	$\Delta\sigma_1$ (kPa)	$\Delta\sigma_2$ (kPa)	$\Delta\sigma_3$ (kPa)	$\Delta\sigma_p$ (kPa)	$\Delta\sigma$ (kPa)
1	1	1	10	40	116	167
2	1	1	7	17	24	49
3	1	1	5	9	10	25
4	1	1	4	6	5	16
5	1	1	3	4	3	11
6	1	1	3	3	2	9
7	1	0	2	2	2	6
8	1	0	2	2	1	5

Em seguida, adotamos os seguintes valores do peso específico (γ) para encontrar a tensão geostática (σ_o) no meio de cada camada: a) até -10 m, $\gamma = 16$ kN/m^3; de –10 m a –12 m, $\gamma_{sat} = 19$ kN/m^3; de -12 m a -19 m, $\gamma_{sat} = 20$ kN/m^3; de -19 m a -24 m, $\gamma_{sat} = 21$ kN/m^3.

Depois, obtemos o módulo de deformabilidade (E_s) de cada camada e, finalmente, o recalque de cada camada (última coluna da Tab. 3.2).

Tab. 3.2 Módulo de elasticidade e recalque

Camada	K (MPa)	N_{SPT}	E_o (MPa)	σ_o (kPa)	E_s (MPa)	$(\Delta\sigma/E_s)\cdot H$ (mm)
1	0,60	14	50	193	68	2,5
2	0,60	16	58	203	65	0,8
3	0,60	15	54	213	57	0,4
4	0,60	13	47	223	49	0,3
5	0,60	14	50	233	51	0,2
6	0,60	16	58	243	59	0,2
7	0,60	21	76	253	77	0,1
8	0,60	28	101	264	102	0

Portanto, fazendo o somatório da última coluna, temos o recalque devido ao solo:

$$\rho_s = 4{,}5 \text{ mm}$$

que, somado ao encurtamento elástico da estaca, resulta no recalque da estaca:

$$\rho = 4{,}5 + 1{,}6 = 6{,}1 \text{ mm}$$

Exercício Resolvido 4

Em continuação ao exercício anterior, vamos fazer a previsão da curva carga × recalque, utilizando a expressão de Van der Veen (1953).

Solução:

Van der Veen: $P = R(1 - e^{-a \cdot \rho})$

Do Exercício Resolvido 1, temos: $R = 950$ kN

e do Exercício Resolvido 3, temos um ponto da curva:

$$P = P_a = 500 \text{ kN} \rightarrow \rho = 6{,}1 \text{ mm}$$

Substituindo,

$$500 = 950 \cdot (1 - e^{-6{,}1 \cdot a}) \rightarrow a = 0{,}12249 \text{ mm}^{-1}$$

Logo, a equação da curva carga × recalque resulta:

$$P = 950 \, (1 - e^{-0{,}12249 \cdot \rho})$$

Em seguida, até um recalque de 10% do diâmetro da estaca, encontremos cerca de 10 pontos da curva (Tab. 3.3).

Finalmente, esboçamos a curva carga × recalque prevista (Fig. 3.7).

Obs.: Esta metodologia é válida desde que a carga aplicada à estaca ultrapasse o valor mínimo necessário para mobilizar todo o atrito lateral, como é o caso deste exercício.

Tab. 3.3 Pontos da curva carga x requalque

ρ (mm)	P (kN)
0	0
3	292
6	494
9	635
12	732
15	799
18	845
21	877
24	900
27	915
30	926
33	933

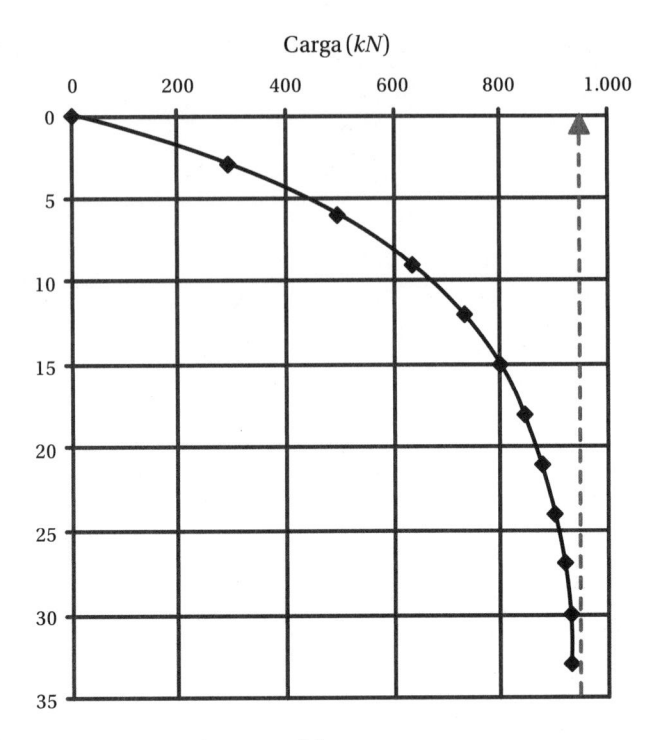

Fig. 3.7 *Curva carga x requalque prevista*

Exercício Resolvido 5

Em continuação ao exercício anterior, vamos fazer a verificação da carga admissível quanto aos recalques.

Se fossem apenas estacas isoladas, em areia, o recalque admissível seria de 25 mm, o que confirmaria a carga admissível de 500 kN, que provoca um recalque de apenas 6,1 mm. Mas, considerando que haja grupos de estacas nessa fundação, devemos garantir um fator de segurança mínimo de 1,5 à carga que provoca o recalque de 15 mm.

Assim, da curva carga × recalque, temos:

$$\rho = 15 \text{ mm} \rightarrow P_{\rho 15} \cong 800 \text{ kN}$$

Então,

$$P_a = \frac{800}{1,5} = 533 > 500 \text{ kN (ok!)}$$

Portanto, está confirmada a carga admissível de 500 kN.

Verificando de outro modo, o fator de segurança em relação à carga que provoca o recalque de 15 mm é de:

$$800/500 = 1,6 > 1,5 \ (ok!)$$

Devemos observar que o fator de segurança é sempre uma relação entre cargas, nunca entre valores de recalque.

Probabilidade de Ruína 4

A tradição brasileira de projeto geotécnico de fundações por estacas consiste na determinação da carga admissível utilizando o conceito de fator de segurança global. A NBR 6122:2010, norma brasileira de projeto e execução de fundações, também prescreve o método de valores de projeto, baseado nos fatores de segurança parciais, de ampla utilização pelos projetistas de estruturas. Entretanto, ambos os métodos, que têm por objetivo a verificação do estado limite último, são insuficientes para a análise abrangente da segurança de uma fundação.

É um conceito ultrapassado considerar que os fatores de segurança prescritos em norma garantam a ausência de risco de ruína. Como veremos neste capítulo, é necessário verificar também a probabilidade de ruína da fundação, por meio da chamada análise de confiabilidade. Antigamente, considerava-se como segura a fundação projetada com base nos fatores de segurança de norma, o que explica a própria nomenclatura: fatores de **segurança**. Atualmente, porém, é preferível o conceito mais abrangente de segurança, com a inclusão da referida análise de confiabilidade.

Em toda fundação, sempre teremos um risco de ruína e, por isso, no projeto, além de utilizar os fatores de segurança de norma, é necessário adotar uma probabilidade de ruína máxima, caso a caso, para fazer os cálculos de modo a satisfazer esse risco, considerado aceitável.

O mito do risco zero de ruína de uma fundação (ou da construção civil de um modo geral) faz o leigo supor que, nas edificações sem erros de projeto ou de execução, haja 100% de segurança. É tarefa dos engenheiros civis esclarecerem esse ledo engano, mas, para isso, devem praticar a verificação da probabilidade de ruína nos seus próprios cálculos. O público em geral, o investidor, o projetista e o executor devem estar cientes de que a engenharia civil é uma atividade de risco e que os projetos devem atender a uma probabilidade de ruína máxima, aceita previamente pelos participantes do processo. Os riscos esperados, decorrentes dessa análise, devem ser cobertos por seguros adequados (alguns autores utilizam o termo **risco** com significado financeiro, obtido pela multiplicação da probabilidade de ocorrência pelo custo das consequências econômicas; neste livro, optamos pelo conceito tradicional de risco).

Nos países do Hemisfério Norte, as normas já exigem a verificação da probabilidade de ruína das estruturas concomitantemente com a verificação dos fatores de segurança parciais utilizados nos diversos países. Como exemplo, podemos citar a norma do Eurocode, para os países da Comunidade Europeia.

4.1 Insuficiência do fator de segurança global

Consideremos todas as estacas de mesma seção transversal de uma dada fundação. Em cada um dos elementos isolados de fundação por estaca, teremos o valor da capacidade de carga (resistência R) e a carga atuante (solicitação S).

Dada a variabilidade existente tanto em R como em S, podemos fazer uma análise estatística e construir as curvas das funções de densidade de probabilidade de resistência $f_R(R)$ e de solicitação $f_S(S)$, conforme ilustrado na Fig. 4.1 para o caso de distribuição normal simétrica.

Nessa figura, representamos os valores médios de solicitação e de resistência ($S_{méd}$ e $R_{méd}$, respectivamente), bem como os pontos A e B, de inflexão das curvas de S e de R, que caracterizam os respectivos valores de desvio padrão (σ_S e σ_R), os quais quantificam a dispersão em torno do valor médio das variáveis independentes aleatórias S

4 Probabilidade de Ruína

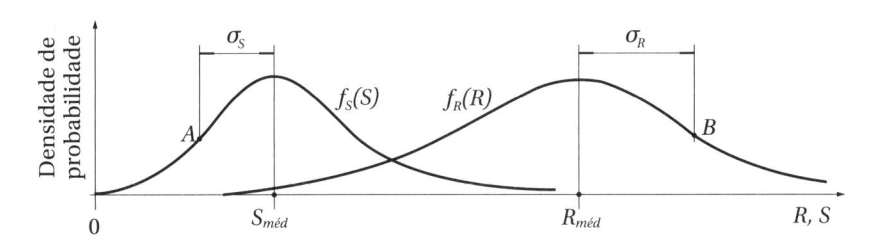

Fig. 4.1 *Curvas de densidade de probabilidade de resistência e solicitação*

e R analisadas. Essa dispersão (ou variabilidade) também pode ser expressa pelos coeficientes de variação:

$$v_S = \frac{\sigma_S}{S_{méd}} = \text{coeficiente de variação da solicitação}$$

$$v_R = \frac{\sigma_R}{R_{méd}} = \text{coeficiente de variação da resistência}$$

Todavia, o conceito de fator de segurança global (F_S) envolve apenas a relação entre os valores médios de resistência ($R_{méd}$) e de solicitação ($S_{méd}$):

$$F_S = \frac{R_{méd}}{S_{méd}}$$

sem levar em conta a variabilidade em R e S.

Criamos a ilusão de que o problema é determinista e, em consequência, que não haveria qualquer hipótese de ruína da fundação. Esse é o calcanhar de Aquiles dos cálculos baseados em fator de segurança global. O problema é análogo no caso de fatores de segurança parciais, que empregam o conceito de carga característica, sem cogitar o risco de ruína.

Na realidade dos estaqueamentos, sempre teremos variabilidade nos valores de R e de S. Na Fig. 4.2, podemos constatar que o fator de segurança global indica não só o afastamento entre os valores médios de resistência e de solicitação, mas o próprio afastamento entre as curvas ou a posição relativa entre elas. Quanto maior o fator de segurança global, maior a distância entre as curvas, e vice-versa.

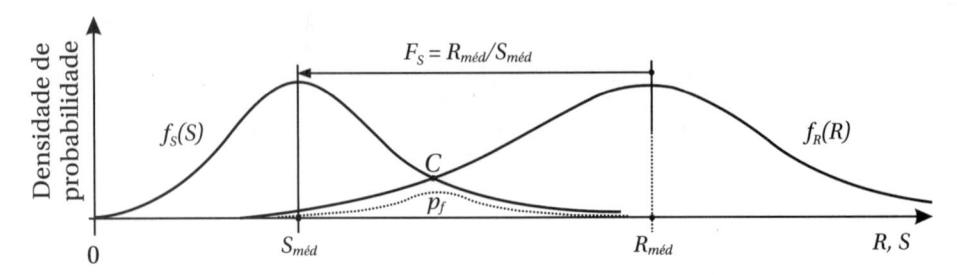

Fig. 4.2 *Curva de probabilidade de ruína*

Nessas curvas, que se interceptam no ponto C, constatamos haver pontos em que a solicitação supera a resistência, caracterizando uma situação de ruína. Então, vamos incluir a curva de densidade de probabilidade de ruína, representada pela linha pontilhada, na região de superposição, ou seja, abaixo da curva de resistência à esquerda do ponto C e abaixo da curva de solicitação à direita desse ponto. A probabilidade total de ruína (p_f) da fundação corresponde à área situada abaixo dessa curva pontilhada. Essa área é dada pela integral da curva de densidade de probabilidade de ruína:

$$p_f = \int_{-\infty}^{\infty} f_S(S) F_R(S) dS$$

A letra f, subscrita em p_f, é a inicial da palavra inglesa *failure*, que, nesse contexto de engenharia civil, significa falência, colapso, ruptura ou ruína. Na teoria geral de confiabilidade, independentemente da aplicação, essa palavra pode ser traduzida para o português como *falha*, resultando a expressão *probabilidade de falha*. Na aplicação em engenharia, porém, é mais adequada a *probabilidade de ruína*.

A referida área abaixo da curva pontilhada, na Fig. 4.2, é inferior à situada abaixo das curvas de $f_S(S)$ e $f_R(R)$, porque a probabilidade de ruína corresponde, no cálculo integral, a uma convolução de duas funções: as funções $f_S(S)$ e $F_R(S)$, em que $F_R(S)$ é a distribuição acumulada de $f_R(R)$, condicionada por valores da função $f_S(S)$. Após o ponto C da figura, os valores de probabilidade de ocorrência de R são maiores do que S, e no cálculo de $F_R(S)$, devemos limitar o valor $f_R(S)$ ao valor de $f_S(S)$ disponível. Essa limitação condiciona a convolução (ver, na seção 4.7, um cálculo prático dessa convolução, com base em histogramas de solicitação e resistência).

Agora, vamos aproximar as curvas de solicitação e de resistência, ou seja, diminuir o fator de segurança global, obtendo a Fig. 4.3.

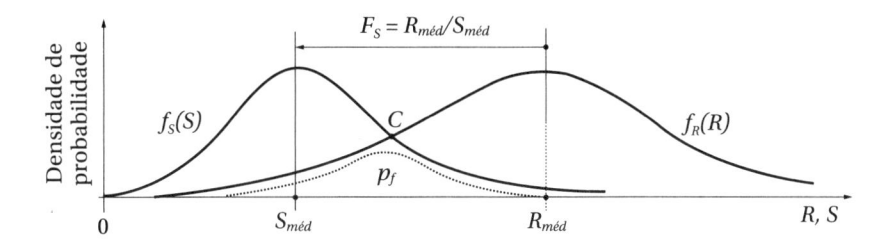

Fig. 4.3 *Curvas de solicitação e de resistência mais próximas entre si*

Nessa figura, observamos uma maior probabilidade de ruína, em comparação à Fig. 4.2. Então, podemos deduzir que quanto menor o fator segurança global (mais próximas as curvas de solicitação e de resistência), maior a probabilidade de ruína. Ao contrário, quanto maior o fator de segurança global (mais afastadas as curvas), menor a probabilidade de ruína.

Portanto, há uma relação intrínseca entre F_S e p_f. Em todo estaqueamento, caracterizadas as variabilidades de R e de S, a cada valor especificado de F_S automaticamente está implícita uma probabilidade de ruína. Trata-se de um mito a crença de que a utilização de um valor adequado de F_S implica a inexistência de risco de ruína. Em razão disso, é indispensável analisarmos sempre se o valor de p_f é aceitável ou não.

Voltemos à questão do determinismo. Com a tradição de projeto de usarmos a sondagem média, para cada comprimento de estaca determinamos um único valor para R e nem o chamamos de $R_{méd}$, como se não houvesse variabilidade. Em seguida, como representado na Fig. 4.4, aplicamos o fator de segurança global (F_s) para chegar à carga admissível (P_a):

$$P_a = \frac{R}{F_S}$$

Assim, mesmo que consideremos valores diferentes para a solicitação (variabilidade de S), todos inferiores a P_a, temos a

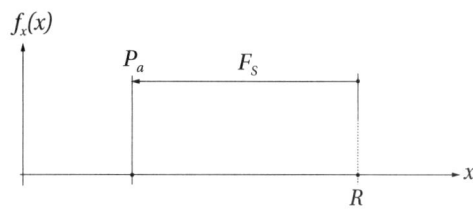

Fig. 4.4 *Abordagem determinista*

falsa impressão de que é impossível ocorrer qualquer condição de ruína. Isso porque desconsideramos (ignoramos) a dispersão de valores em torno do valor médio de resistência, não importando se o desvio padrão é grande ou pequeno. Provavelmente por isso, muitos projetistas ainda não se conscientizaram da necessidade de verificar se, para o fator de segurança global adotado, a probabilidade de ruína associada é aceitável e, caso não o seja, aumentar o valor de F_s. Nunca é demais lembrar que mesmo os fatores de segurança de norma podem levar a valores indesejáveis de p_f.

4.2 Variáveis envolvidas

Já vimos que F_s e p_f são variáveis interdependentes, pois a variação de F_s implica alteração no valor de p_f. Agora, vamos analisar outro aspecto.

Representemos na Fig. 4.5 o caso de um estaqueamento cujo fator de segurança global seja o mesmo da Fig. 4.2, mas com menor variabilidade nos valores de resistência (curva de R mais fechada em torno do valor médio).

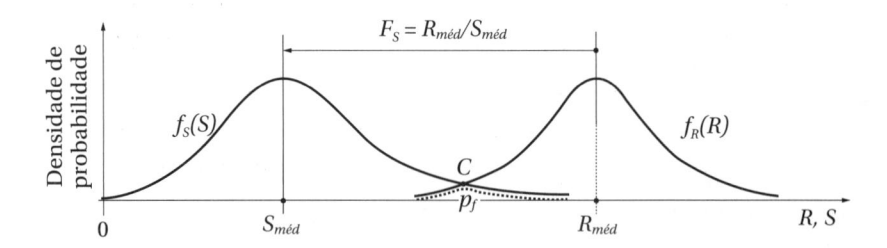

Fig. 4.5 *Curva de resistência mais fechada (menor variabilidade de R)*

Observamos nessa figura, em comparação à Fig. 4.2, a diminuição da probabilidade de ruína. Então, mantido o fator de segurança global, uma curva de resistência mais fechada (menor valor de v_R) resulta um valor menor de p_f. Ao contrário, uma curva mais aberta de R (maior valor de v_R) levaria a um maior p_f. Ou seja, estaqueamentos de obras diferentes, mas com um mesmo valor de F_s, terão diferentes probabilidades de ruína.

Portanto, a probabilidade de ruína não depende só do fator de segurança global (afastamento entre as duas curvas), mas também das formas das curvas de solicitação e resistência. Isso leva a uma conclusão importante: a da impossibilidade de criar uma única tabela que associe diretamente os valores de F_S e de p_f, pois há outras variáveis envolvidas.

Para levar em conta a forma da curva, no caso de distribuição normal, com valor médio conhecido, basta considerar o coeficiente de variação. Assim, chegamos a quatro variáveis envolvidas no problema: F_S, p_f, v_S e v_R.

Por último, observemos que os valores médios $R_{méd}$ e $S_{méd}$ indicam um ponto de cada uma das curvas de R e S, respectivamente. Então, o cálculo tradicional, que utiliza unicamente o fator de segurança global, comete o equívoco de substituir uma curva por um dos seus pontos. O mesmo equívoco, aliás, ocorre na utilização dos valores característicos, aplicando fatores de segurança parciais.

4.3 Margem de segurança

Considerando que a solicitação e a resistência sejam estatisticamente independentes, podemos definir a função margem de segurança $f_Z(Z)$ pela diferença entre as curvas de resistência R e de solicitação S:

$$f_Z(Z) = f_R(R) - f_S(S)$$

Logo, a ruína ocorre quando $Z \leq 0$, ou seja, quando $R \leq S$, e a fundação não sofre ruína quando $Z > 0$, conforme ilustrado na Fig. 4.6. Por isso, a área hachurada nessa figura corresponde à probabilidade de ruína da fundação.

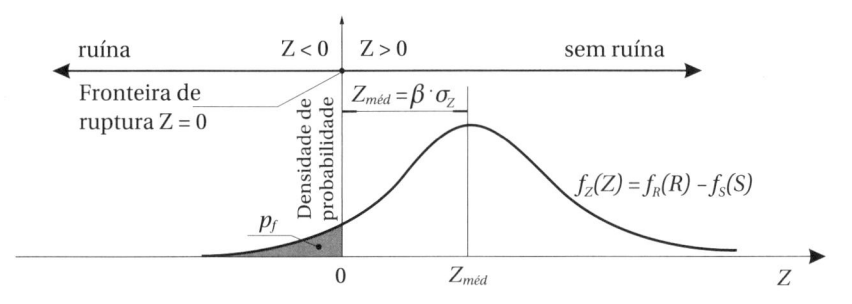

Fig. 4.6 *Função margem de segurança*

No caso de distribuição normal de R e de S, o desvio padrão σ_Z da função margem de segurança vale:

$$\sigma_Z = \sqrt{(\sigma_R)^2 + (\sigma_S)^2}$$

enquanto o valor médio ($Z_{méd}$) é dado por:

$$Z_{méd} = R_{méd} - S_{méd} \qquad (1)$$

Uma vez que

$$F_S = \frac{R_{méd}}{S_{méd}} \qquad (2)$$

podemos reescrever a expressão (1) como sendo:

$$Z_{méd} = S_{méd}\,(F_S - 1) \qquad (3)$$

4.4 ÍNDICE DE CONFIABILIDADE

Também podemos exprimir o valor médio da margem de segurança ($Z_{méd}$) em termos de unidades do desvio padrão (σ_Z), por meio de um parâmetro (β) denominado índice de confiabilidade:

$$Z_{méd} = \beta\,\sigma_Z \qquad (4)$$

Voltando à Fig. 4.6, observamos que quanto menor o valor de $Z_{méd}$, maior a probabilidade de ruína, para o mesmo desvio padrão. Como menor $Z_{méd}$ implica menor β, concluímos que β e p_f são inversamente proporcionais. Porém, mais do que isso, concluímos que β é uma medida indireta de p_f do estaqueamento.

Por definição, o índice de confiabilidade é inversamente proporcional ao coeficiente de variação da margem de segurança:

$$\beta = \frac{Z_{méd}}{\sigma_Z} = \frac{1}{\upsilon_Z}$$

Assim, quanto maior a variabilidade da margem de segurança, menor a confiabilidade expressa por β.

Combinando as equações (3) e (4), obtemos uma relação entre a margem de segurança, o fator de segurança global e o índice de confiabilidade:

$$S_{méd}(F_S - 1) = \beta\, \sigma_Z$$

mostrando que esses valores são estatisticamente dependentes. Desenvolvendo essa expressão, chegamos à seguinte equação do segundo grau:

$$F_S^2(\beta^2 v_R^2 - 1) + 2 F_S + \beta^2 v_S^2 - 1 = 0$$

cuja raiz positiva resulta:

$$F_S = \frac{1 + \beta\sqrt{v_S^2 + v_R^2 - \beta^2 v_S^2 v_R^2}}{1 - \beta^2 v_R^2}$$

Isso indica que, uma vez fixadas as formas das curvas R e S, definidas pelos respectivos coeficientes de variação v_R e v_S, o fator de segurança global F_S torna-se dependente do índice de confiabilidade β, ou seja, a segurança e a confiabilidade são inseparáveis do ponto de vista matemático.

A relação inversa, deduzida por Cardoso e Fernandes (2001), é dada por:

$$\beta = \frac{1 - 1/F_S}{\sqrt{v_R^2 + (1/F_S)^2 v_S^2}}$$

Por sua vez, a probabilidade de ruína p_f é função direta de β, conforme demonstrado por Ang e Tang (1984):

$$p_f = 1 - \Phi(\beta)$$

em que Φ é a função de distribuição normal, amplamente tabelada em livros de estatística. De maneira prática, podemos determinar a probabilidade de ruína p_f a partir de β por meio da expressão do Excel:

$$p_f = 1 - \text{DIST.NORM}(\beta;0;1;\text{VERDADEIRO})$$

Assim, fixada a forma das curvas de R e de S, por seus respectivos coeficientes de variação v_R e v_S, a cada valor de F_S corresponde um valor de p_f, inexoravelmente. De uma vez por todas, alertamos que sempre há risco de ruína nas fundações. Portanto, não podemos adotar o fator de segurança global de uma fundação por estacas independentemente da probabilidade de ruína envolvida. Daí a importância de fazer a estimativa desse risco e, sobretudo, elaborar projetos com riscos aceitáveis.

A Fig. 4.7 apresenta a relação entre o índice de confiabilidade β e o inverso da probabilidade de ruína (N):

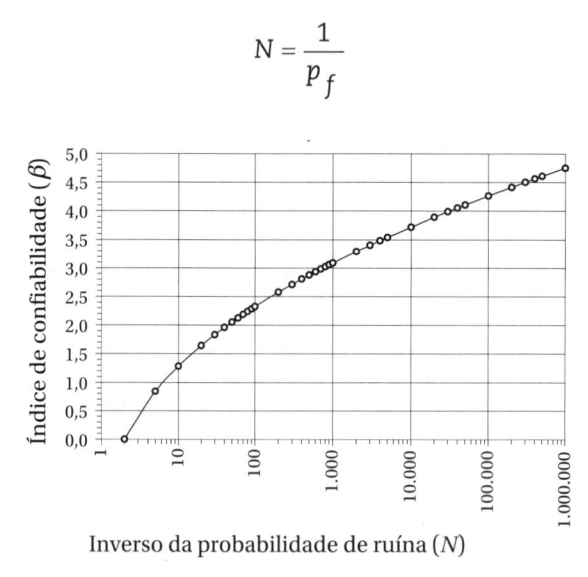

$$N = \frac{1}{p_f}$$

Fig. 4.7 *Relação entre índice de confiabilidade e o inverso da probabilidade de ruína*

Alguns valores típicos dessa figura são apresentados na Tab. 4.1.

Tab. 4.1 Valores de β em função de p_f (distribuição normal)

N	p_f=1:N	β
2	0,5	0,000
5	0,2	0,842
10	0,1	1,282
20	0,05	1,645
100	0,01	2,326
1.000	0,001	3,090
5.000	0,0002	3,540
10.000	0,0001	3,719
50.000	0,00002	4,107
100.000	0,00001	4,265
1.000.000	0,000001	4,768

4.5 Comprovação da probabilidade de ruína

Para demonstrar a consistência do cálculo de probabilidade de ruína, vamos utilizar os dados de dois casos de obra.

4.5.1 Tanque de aço

O primeiro caso, relatado por Aoki (2005), trata-se de uma placa de concreto armado sob um tanque de aço de 14 m de diâmetro, para armazenamento de produtos químicos, situada na formação litorânea da Baixada Santista.

A fundação consiste de 68 estacas pré-moldadas de concreto armado centrifugado de diâmetro de 0,33 m, comprimento médio cravado de 31,6 m e carga admissível de 550 kN. A Fig. 4.8 apresenta a vista esquemática do tanque, da placa e das estacas, dispostas em uma malha de 1,5 m de lado.

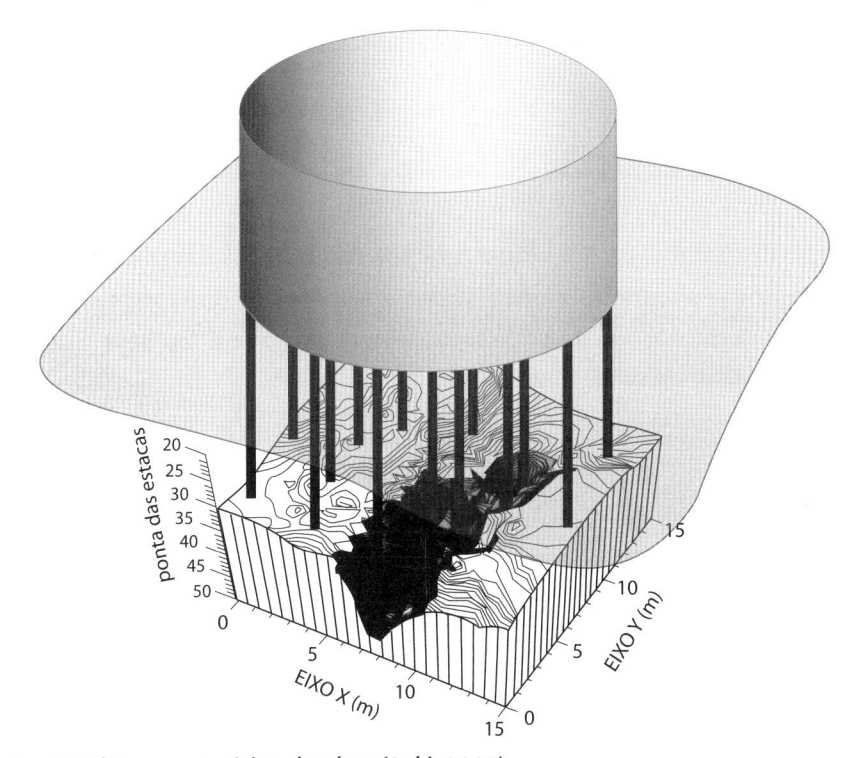

Fig. 4.8 *Vista esquemática da obra (Aoki, 2005)*

Todas as estacas foram controladas por nega e repique, e submetidas a provas de carga dinâmica de energia crescente. Os resultados encontrados para a máxima resistência mobilizada permitiram a determinação da curva de distribuição estatística de resistência, apresentada na Fig. 4.9.

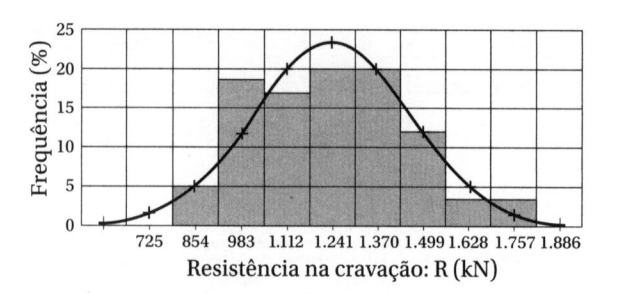

Fig. 4.9 *Curva estatística de resistência (Aoki, 2005)*

A análise estatística dessa curva de distribuição de resistência indicou os seguintes valores:

$$R_{méd} = 1.241 \text{ kN} \quad \sigma_R = 215 \text{ kN} \quad v_R = \frac{\sigma_R}{R_{méd}} = 0{,}173$$

Tendo em vista a natureza das cargas, podemos considerar que a solicitação seja constante e igual à carga admissível de 550 kN. Assim:

$$S_{méd} = 550 \text{ kN} \quad \sigma_S = 0 \quad v_S = \frac{\sigma_S}{S_{méd}} = 0$$

Uma vez que na Fig. 4.9 vemos que 5% das estacas estão na coluna de menor resistência, vamos supor, para efeitos de comprovação, que essa quantidade de estacas vá entrar em ruína, ou seja, que:

$$p_f = \frac{5}{100} = 0{,}05$$

Por meio da expressão do Excel

$$\beta = -\text{INV.NORM}(p_f;0;1;)$$

encontramos

$$\beta = 1{,}645$$

o que leva a um F_s de

$$F_s = [1+1{,}645 \, (0^2 + 0{,}173^2 - 1{,}645^2 \, 0^2 \, 0{,}173^2)^{0{,}5}]/[1 - 1{,}645^2 \, 0{,}173^2] = 1{,}36$$

e à carga admissível de

$$P_a = \frac{1.241}{1,36} = 912 \text{ kN}$$

Isso confirma a ruína de 5% das estacas, que têm resistência média de 854 kN. A coluna seguinte da Fig. 4.9 já passa para uma resistência média de 983 kN, superior à carga admissível e, portanto, sem ruína.

4.5.2 Ponte de madeira

A segunda obra, relatada por Aoki (2008), é uma ponte de madeira situada no Campus II da Escola de Engenharia de São Carlos, da Universidade de São Paulo, na cidade de São Carlos (SP), cuja fundação foi projetada com carga admissível de 265 kN para 12 estacas de madeira, da espécie Eucalipto Citriodora, com comprimento de 11,15 m e diâmetro variável entre 0,30 m na ponta e 0,40 m no topo.

Dispostas em duas linhas de seis, as estacas foram cravadas em novembro de 2004, resultando o comprimento médio cravado de 10 m. A foto apresentada na Fig. 4.10 mostra uma dessas linhas de estacas, com a distância de 1,90 m entre estacas, de centro a centro.

Fig. 4.10 *Linha de estacas da fundação de uma ponte no Campus II da USP/São Carlos*

Nas 12 estacas, E_1 a E_{12}, foram realizadas provas de carga dinâmica, com energia crescente, que determinaram os valores de resistência máxima mobilizada apresentados na Tab. 4.2, em ordem crescente de valores.

A análise desses valores leva aos seguintes resultados estatísticos que definem a forma da curva de resistência (R) do estaqueamento da ponte:

Tab. 4.2 Valores de resistência

Estaca	R (kN)
E3	500
E8	570
E11	690
E2	730
E5	730
E12	730
E7	800
E10	980
E6	990
E9	1.140
E1	1.150
E4	1.150

Fonte: Aoki (2008).

$R_{méd} = 847$ kN $\sigma_R = 228$ kN $v_R = 0,269$

Numa abordagem semiprobabilista, vamos considerar todos os valores de S iguais à carga admissível de projeto, $P_a = 265$ kN. Logo, teremos:

$S_{méd} = 265$ kN $\sigma_S = 0$ kN $v_S = 0$

Para efeitos de comprovação, vamos supor que uma das estacas vá entrar em ruína, ou seja, que:

$$p_f = \frac{1}{12} = 0,08333$$

Na expressão do Excel, obtemos:

$$\beta = -\text{INV.NORM}(0,08333;0;1;)$$
$$\beta = 1,383$$

levando a um F_S de:

$$F_S = [1 + \beta\,(v_S^2 + v_R^2 - \beta^2\,v_S^2\,v_R^2)^{0,5}] / [1 - \beta^2\,v_R^2] =$$
$$[1 + 1,383\,(0^2 + 0,269^2 - 1,383^2\,0^2\,0,269^2)^{0,5}] / [1 - 1,383^2\,0,269^2] = 1,59$$

e à carga admissível de:

$$P_a = \frac{847}{1,59} = 533 \text{kN}$$

Finalmente, comparando esse valor com as resistências da Tab. 4.2, vemos que, de fato, uma estaca, a E_3, entraria em ruína, pois sua resistência, de 500 kN, é inferior à carga admissível.

Para ratificar essa comprovação, vamos considerar agora a probabilidade de ruína em duas estacas:

$$p_f = \frac{2}{12} = 0,16666$$

Na expressão do Excel, encontramos:

$$\beta = -INV.NORM(0,16666;0;1;)$$
$$\beta = 0,967$$

o que leva a um F_S de:

$$F_S = [1 + 0,967 \,(0^2 + 0,269^2 - 0,967^2 \, 0^2 \, 0,269^2)^{\,0,5}] / [1 - 0,967^2 \, 0,269^2]$$
$$F_S = 1,35$$

e à carga admissível de:

$$P_a = \frac{847}{1,35} = 627 \,\text{kN}$$

De fato, na Tab. 4.2 podemos ver que duas estacas, a E_3 e a E_8, entrariam em ruína, pois suas respectivas resistências são 500 kN e 570 kN, ratificando a aplicabilidade dos conceitos expostos.

4.6 Valores recomendados

4.6.1 Probabilidade de ruína

Uma vez que a norma brasileira de projeto e execução de fundações não estabelece valores máximos para a probabilidade de ruína, cabe ao projetista determinar o valor da probabilidade de ruína implícita na utilização dos fatores de segurança normatizados e, em seguida, solicitar ao proprietário a decisão sobre o risco aceitável para cada fundação por estacas, dependendo do tipo da obra, e a consequência da ruína, em termos econômicos, sociais e ambientais. No caso de contratação de uma apólice de seguro da fundação, será sempre exigida a fixação do risco aceito no projeto.

Mesmo na literatura, ainda não há prescrições para elementos isolados de fundações por estacas, mas apenas referências à probabilidade de ruína de obras de fundação. Lumb (1966) sugere um valor de risco para a estabilidade de fundações da ordem de 1/1.000 a 1/100.000, enquanto Meyerhof (1969) considera que os fatores de segurança de 2 a 3 usados em projetos de fundações correspondem talvez a uma probabilidade de ruína de 1/1.000 a 1/10.000. Para Whitman (1984), uma indicação para o risco admissível em fundações seria de 1/100 a 1/1.000.

A seguir, vamos verificar os valores de probabilidade de ruína dos dois casos de obra utilizados na seção anterior.

No primeiro caso, o do tanque, o fator de segurança global resulta:

$$F_S = \frac{1.241}{550} = 2,26$$

e o índice de confiabilidade β associado vale:

$$\beta = (1 - 1/F_s) / [v_R^2 + (1/F_s)^2 v_S^2]^{0,5} =$$
$$(1 - 1/2,26) / [0,173^2 + (1/2,26)^2 \, 0^2]^{0,5} = 3,223$$

o que leva a uma probabilidade de ruína de:

$$p_f = 1\text{--DIST.NORM}(3,223; 0; 1; \text{VERDADEIRO}) = 0,00063 = \frac{1}{1.587}$$

Outro modo de chegar a esse resultado é por meio da margem de segurança média:

$$Z_{méd} = R_{méd} - S_{méd} = 1241 - 550 = 691 \text{ kN}$$

e do desvio padrão da margem de segurança:

$$\sigma_Z = \sqrt{\sigma_S^2 + \sigma_R^2} = 215 \text{ kN}$$

determinando um índice de confiabilidade:

$$\beta = \frac{Z_{méd}}{\sigma_Z} = \frac{691}{215} = 3,214$$

e assim por diante.

No segundo caso, da ponte de madeira, o fator de segurança global resulta:

$$F_S = \frac{847}{265} = 3,20$$

implicando um índice de confiabilidade β:

$$\beta = (1 - 1/F_s) / [v_R^2 + (1/F_s)^2 v_S^2]^{0,5} =$$
$$(1 - 1/3,2) / [0,269^2 + (1/3,2)^2 \, 0^2]^{0,5} = 2,556$$

e levando a uma probabilidade de ruína de:

$$p_f = 1-\text{DIST.NORM}(2{,}556;0;1;\text{VERDADEIRO}) = 0{,}00529 = \frac{1}{189}$$

o que está dentro do intervalo citado por Whitman (1984). Na interpretação frequencista, essa probabilidade de 1/189 exclui o risco de ruína, pois como a população é de 12 estacas, só haveria risco para valores de p_f superiores a 1/12.

Generalizando, deixa de haver risco de ruína numa obra de n elementos de fundação por estaca sempre que encontrarmos:

$$p_f \leq \frac{1}{n+1}$$

Vale lembrar que, na interpretação frequencista, supomos que a população é finita e conhecida de, por exemplo, n elementos de fundação por estaca. Na bayesiana, por sua vez, a população é infinita.

A comparação desses dois casos de obra tem alto valor didático. Do primeiro para o segundo, o fator de segurança global aumenta de 2,26 para 3,20, mas a probabilidade de ruína também aumenta, de 1/1.587 para 1/189. O motivo é que o coeficiente de variação da resistência subiu de 17,3% para 26,9%.

Como indicação preliminar para projeto, podemos fazer a seguinte sugestão para valores máximos de probabilidade de ruína de elementos isolados de fundação por estaca, considerando que n é o número total de estacas da obra:

1) adotar a interpretação frequencista e impor limites inferior e superior compatíveis com a literatura, de tal modo que:

$$\frac{1}{10.000} \leq p_{f\,máx} = \frac{1}{n+1} \leq \frac{1}{100}$$

2) a critério do projetista, para baixos valores de n substituir o denominador n+1 por 2 n, 3 n, ou até 5 n, sempre que considerar que n seja um valor baixo, condição em que a probabilidade

1/(n+1) é alta. Por exemplo, no caso da obra de 68 estacas, em vez de 1/69, limitada em 1/100, adotaríamos como probabilidade máxima 1/136, 1/204, ou até 1/340.

Essas sugestões seriam aplicáveis às estacas isoladas. No caso de grupos de duas ou mais estacas, a iminência de ruína de uma estaca sob o bloco de fundação pode causar uma redistribuição de solicitação nas demais estacas, não ocorrendo, necessariamente, a ruptura do apoio representado pelo bloco que sustenta esse pilar. Portanto, essa metodologia desenvolvida para estacas isoladas pode ser aplicada, de modo conservador, também para as fundações com grupos de estacas.

Por ser uma condição menos crítica, no caso de grupos, uma alternativa seria reduzir os valores máximos de probabilidade de ruína, a critério do projetista.

4.6.2 Coeficiente de variação

a) Coeficiente de variação da solicitação

No caso de grupos de estacas, temos pelo menos duas causas para variação nos valores de solicitação. A primeira é o arredondamento no cálculo do número de estacas do grupo. Para uma carga admissível de 500 kN, por exemplo, três pilares com cargas de 1.800 kN, 1.500 kN e 1.200 kN terão grupos de, respectivamente, quatro estacas com 450 kN, três estacas com 500 kN e três estacas com 400 kN. A segunda causa é que a própria distribuição de carga entre as estacas do grupo não é homogênea, ao contrário do suposto no exemplo deste parágrafo.

Juntando as duas causas, é plausível considerar que a variação nas solicitações nas estacas resulte um coeficiente de variação de pelo menos 10%:

$$v_S = 0{,}10$$

A quantificação da primeira dessas causas pode ser feita, caso a caso, por meio dos valores de solicitação por estaca. No exemplo anterior, teríamos para as dez estacas:

$S_{méd} = 450$ kN $\sigma_S = 41$ kN $v_S = 0{,}091$

Aproveitando ainda esse exemplo numérico, observamos que a solicitação média é 10% inferior à carga admissível (450 kN contra 500 kN). A porcentagem que pode ser admitida em anteprojeto no qual ainda não sejam conhecidos os valores de solicitação por estaca, para obter a solicitação média a partir da carga admissível, é de 14,1%, na hipótese de $v_S = 0{,}10$.

Considerando que, no arredondamento do número de estacas, 5% delas recebam uma solicitação superior à carga admissível, esta representaria o valor característico da solicitação. Então, com $v_S = 0{,}10$, teríamos:

$$P_a = S_k = S_{méd} (1 + 1{,}645 \times 0{,}10)$$

e, portanto:

$$S_{méd} = 0{,}859 \, P_a$$

b) Coeficiente de variação da resistência

A variação dos valores de resistência dos elementos isolados de fundação por estaca é função tanto do tipo de estaca como da formação geotécnica onde está implantado o estaqueamento.

Nos dois casos de obra citados nas seções 4.5.1 e 4.5.2, tivemos valores do coeficiente de variação da resistência de 0,173 e 0,269. Outras duas obras de estacas pré-moldadas são relatadas por Aoki e Cintra (1996), ambas controladas com provas de carga dinâmica de energia crescente em todas as estacas:

a) 95 estacas de diâmetro de 0,70 m, cravadas no solo laterizado da Formação Barreiras, no Espírito Santo, com resistência média de 5.953 kN e $v_R = 0{,}187$;

b) 137 estacas de diâmetro 0,50 m, cravadas no solo poroso de Brasília, Distrito Federal, com resistência média de 2.989 kN e $v_R = 0{,}136$. Embora não seja o caso de uma única obra, também podemos considerar um conjunto de 12 estacas tipo Franki, mencionado por Aoki, Cintra e Menegotto (2002), executadas em diferentes locais da Formação de Sedimentos Fluviolagunares (SFL), na cidade do Rio de Janeiro, em que foram realizadas provas de carga estática. Nesse caso, como há dois valores de diâmetro do fuste (0,40 m e 0,52 m), a capacidade de carga determinada no ensaio é transformada em tensão de compressão na cabeça da estaca, por meio da divisão pela área da seção transversal do fuste.

Com esse procedimento, a estatística dos resultados leva aos valores de resistência média de 13.367 kPa e $v_R = 0,152$. Utilizando a sondagem mais próxima de cada prova de carga e aplicando o método Aoki-Velloso (1975) com os comprimentos executados de estaca, os valores calculados de capacidade de carga resultaram em:

$$R_{méd} = 12.801 \text{ kPa} \quad \sigma_R = 2.761 \text{ kPa} \quad v_R = 0,216$$

Portanto, nesse caso, a variabilidade de resistência foi mais significativa nos valores calculados do que nos obtidos nas provas de carga ($v_R = 0,216$ contra $v_R = 0,152$).

Medrano (2008) relata os dados de uma obra em Navegantes, Santa Catarina, às margens do rio Itajaí-Açu, dividida em 18 módulos, totalizando 2.502 estacas de concreto armado centrifugado, com 0,70 m de diâmetro e comprimento cravado médio de 13,1 m. A análise das medidas de repique e nega, realizadas em todas as estacas, resultaram na resistência média de 1.850 kN, com v_R de 11,1%.

Os seis casos aludidos neste item são sintetizados na Tab. 4.3, com os respectivos valores de resistência média, desvio padrão e coeficiente de variação da resistência.

Temos também os dados de quatro obras, compilados e analisados por Silva (2003), sintetizados na Tab. 4.4. Na primeira obra foram realizadas provas de carga estática (PCE) e, nas demais, provas de carga dinâmica com energia crescente (PCD). Em todas, a resistência obtida no ensaio foi dividida pela área da seção transversal do fuste, uma vez que há diversos diâmetros envolvidos.

Silva (2003) também analisa outros três conjuntos de dados, cada um considerando um mesmo tipo de estaca, mas abrangendo locais distintos de obra. Um deles, o caso da hélice contínua, de 13 obras em oito estados brasileiros, com três a sete provas de carga estática em cada obra, apresentou coeficiente de variação, por obra, entre 13,2% e 48,5%, com valor médio de 36,1%. Essa variabilidade mais alta pode ser justificada pela ausência de controle de resistência no processo executivo desse tipo de estaca. Esperamos que outros trabalhos venham a divulgar mais valores comprovados de v_R, para todos os tipos de estacas, nas diferentes formações geotécnicas brasileiras.

Tab. 4.3 Resultados estatísticos de resistência de seis obras

Solo	Estacas	Tipo	$R_{méd}$	σ_R	v_R
Sedimentar	68 Ø 33	pré-moldada	1.241 kN	215 kN	0,173
Transportado	12 Ø 35*	madeira	847 kN	228 kN	0,269
Laterítico	95 Ø 70	pré-moldada	5.953 kN	1.112 kN	0,187
Poroso	137 Ø 50	pré-moldada	2.989 kN	406 kN	0,136
SFL	5 Ø 40 e 7 Ø 52	Franki	13.367 kPa	2.035 kPa	0,152
Areia	2.502 Ø 70	pré-moldada	3.665 kN	408 kN	0,111

*valor médio

Tab. 4.4 Resultados estatísticos de resistência de quatro obras

Local	Estaca	Ensaios	$R_{méd}$ (kPa)	σ_R (kPa)	v_R
Paulínia, SP	Ômega	10 PCE	10.618	2.649	0,249
Duque de Caxias, RJ	pré-moldada	23 PCD	28.542	5.594	0,196
Taubaté, SP	Metálica	14 PCD	10.395	3.562	0,343
Rio de Janeiro	pré-moldada	25 PCD	14.601	2.403	0,165

Fonte: Silva (2003).

Nas Tabs. 4.3 e 4.4, vemos que todos os valores de v_R estão no intervalo de 10% a 35%. Então, vamos simular para esse intervalo, mas de 5% em 5%, o que ocorre com a probabilidade de ruína para um fator de segurança global igual a 2,0 (de norma), considerando v_S de 10%. Os resultados obtidos são apresentados na Tab. 4.5.

Esses dados alertam para a alta sensibilidade de p_f com o aumento de v_R e demonstram que o F_S de norma não impede a ocorrência de valores muito altos de p_f, sobretudo quando o coeficiente de variação da resistência ultrapassa 15%. Nesse caso, é indispensável aumentar o fator de segurança global para reduzir a probabilidade

Tab. 4.5 Valores de β e p_f para $F_S = 2{,}0$, com $v_S = 0{,}10$ e $v_R = 0{,}10$ a $0{,}35$

v_R	β	p_f
0,10	4,472	1/258.100
0,15	3,162	1/1.280
0,20	2,425	1/130
0,25	1,961	1/40
0,30	1,644	1/20
0,35	1,414	1/13

de ruína até um valor máximo aceitável, fixado *a priori*. Uma alternativa interessante é envidar esforços para o desenvolvimento de meios que permitam comprovar a resistência do elemento isolado de fundação no momento da execução da estaca, para todos os tipos de estaca, de modo a controlar a resistência individualmente, como é o caso de repique e nega para estacas cravadas e, ao mesmo tempo, tentar impedir que o coeficiente de variação ultrapasse 15%.

4.7 Exemplo de aplicação

Vejamos um exemplo de aplicação do conceito de probabilidade de ruína a partir dos histogramas das funções de resistência e de solicitação, como os representados na Fig. 4.11, referentes à fundação de uma obra.

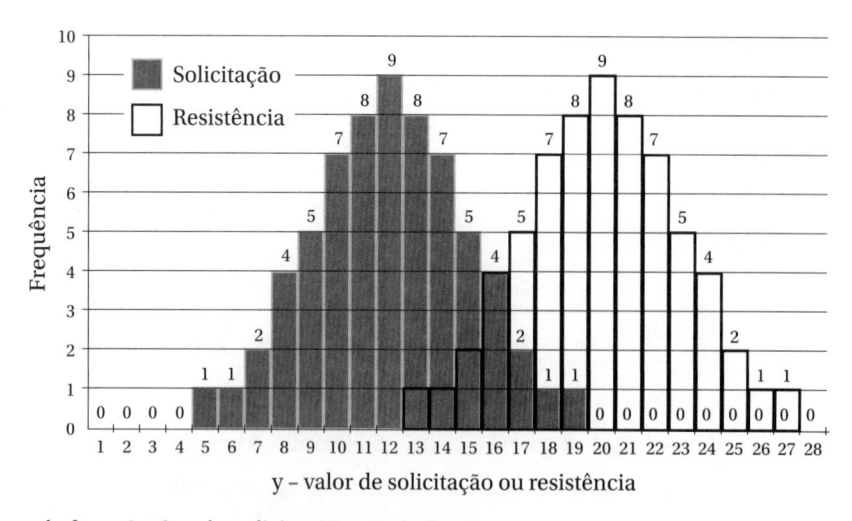

Fig. 4.11 *Histogramas de frequências de solicitação e resistência*

O intervalo entre dois valores ao longo do eixo y é igual a $\Delta y = 1$.

A soma de eventos aleatórios considerados é igual a 65 valores de solicitação (S) e 65 valores de resistência (R), escolhidos ao acaso. O número mencionado no topo das colunas dos histogramas indica a quantidade de vezes em que ocorreu o evento, cujo valor médio (retângulo cinza = solicitação; e branco = resistência) é mostrado sobre o eixo horizontal y.

Verificamos que:
- a probabilidade (área sob a curva → valor acumulado) de ocorrência de valores de resistência menores que 13 ($R \leq 13$) é igual a $F_R(13) = 1/65$. A frequência (ordenada da curva) de solicitação $f_S(13) = 8/65$. Para o intervalo $\Delta y = 1$, resulta a correspondente frequência de ocorrência de ruína (ordenada da curva de p_F) de:

$$1/65 \times 8/65 \times 1 = 8/65^2 = 1{,}893\text{E}{-}03$$

- a probabilidade de ocorrência de valores de resistência menores que 14 ($R \leq 14$) é igual a $F_R(14) = 2/65$. A frequência de solicitação $f_S(14) = 7/65$. Para o intervalo $\Delta y = 1$, resulta a correspondente frequência de ocorrência de ruína de:

$$2/65 \times 7/65 \times 1 = 14/65^2 = 3{,}314\text{E}{-}03$$

- a probabilidade de ocorrência de valores de resistências menores que 15 ($R \leq 15$) é igual a $F_R(15) = 4/65$. A frequência de solicitação $f_S(15) = 5/65$. Para o intervalo $\Delta y = 1$, resulta a correspondente frequência de ocorrência de ruína de:

$$4/65 \times 5/65 \times 1 = 20/65^2 = 4{,}734\text{E}{-}03$$

- a probabilidade de ocorrência de valores de resistência menores que 16 ($R \leq 16$) é igual a $F_R(16) = 8/65$. A frequência de solicitação $f_S(16) = 4/65$. Para o intervalo $\Delta y = 1$, resulta a correspondente frequência de ocorrência de ruína de:

$$8/65 \times 4/65 \times 1 = 32/65^2 = 7{,}574\text{E}{-}03$$

- a probabilidade de ocorrência de valores de resistência menores que 17 ($R \leq 17$) é igual a $F_R(17) = 10/65$. A frequência de solicitação $f_S(17) = 2/65$ (atenção, porque são apenas dois eventos disponíveis de solicitação, número este que prevalece sobre os cinco eventos de resistência). Para o intervalo

$\Delta y = 1$, resulta a correspondente frequência de ocorrência de ruína de:

$$10/65 \times 2/65 \times 1 = 20 / 65^2 = 4{,}734\text{E--}03$$

- a probabilidade de ocorrência de valores de resistência menores que 18 ($R \leq 18$) é igual a $F_R(18) = 11/65$. A frequência de solicitação $f_S(18) = 1/65$. Para o intervalo $\Delta y = 1$, resulta a correspondente frequência de ocorrência de ruína de:

$$11/65 \times 1/65 \times 1 = 11 / 65^2 = 2{,}604\text{E--}03$$

- a probabilidade de ocorrência de valores de resistência menores que 19 ($R \leq 19$) é igual a $F_R(19) = 12/65$. A frequência de solicitação $f_S(19) = 1/65$. Para o intervalo $\Delta y = 1$, resulta a correspondente frequência de ocorrência de ruína de:

$$12/65 \times 1/65 \times 1 = 12 / 65^2 = 2{,}840\text{E--}03$$

Ao efetuarmos o somatório desses produtos, chegamos à probabilidade de ruína de:

$$p_f = (8+14+20+32+20+11+12) / 65^2 = 2{,}769\text{E--}02$$

isto é, um caso de ruína a cada 36 eventos.

O resumo desses cálculos é apresentado na Tab. 4.6, em que as duas primeiras colunas referem-se à distribuição da função probabilidade de ruína e as duas últimas, ao número de ruínas esperadas no total de 65 eventos.

A probabilidade de ruína será:

$$p_f = \frac{1{,}8}{65} = \frac{1}{36}$$

A representação gráfica das curvas de distribuição de frequências (relativa, absoluta e acumulada), da função probabilidade de ruína p_f, na forma de um histograma, para cada valor de y corrente, encontra-se na Fig. 4.12.

4 Probabilidade de Ruína

Tab. 4.6 Frequências de solicitação, resistência e probabilidade de ruína

y	Frequência relativa (p_f)	Frequência acumulada (p_f acumulada)	Frequência relativa (número de ruínas)	Frequência acumulada (número de ruínas acumuladas)
12	0	0	0	0
13	1,893E-03	1,893E-03	0,123	0,123
14	3,314E-03	5,207E-03	0,215	0,338
15	4,734E-03	9,941-03	0,308	0,646
16	7,574E-03	1,7515E-02	0,492	1,138
17	4,734E-03	2,2249E-02	0,308	1,446
18	2,604E-03	2,4853E-02	0,169	1,615
19	2,840E-03	2,7693E-02	0,185	1,800
20	0	2,7693E-02	0	1,800
soma	2,769E-02	---	1,800 ruína	---

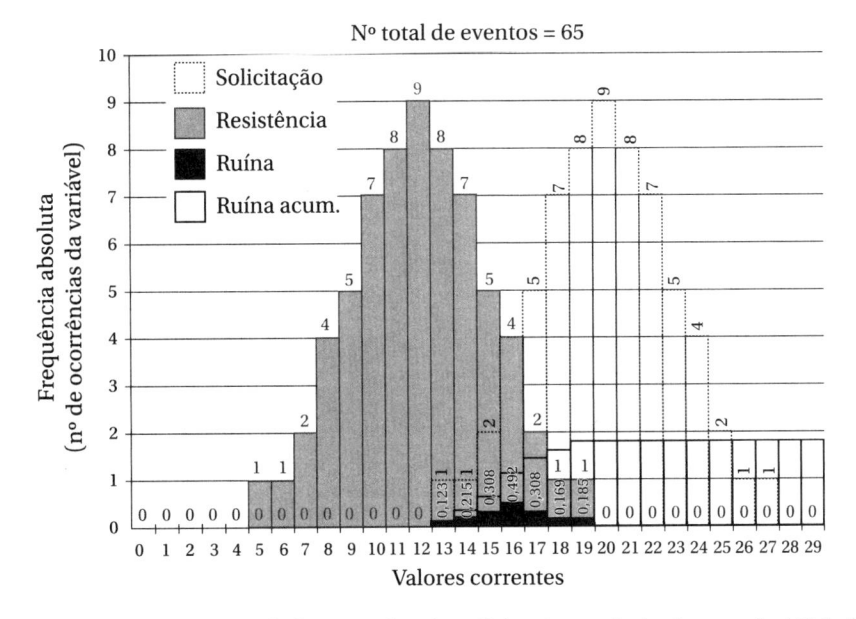

Fig. 4.12 *Histogramas de frequências de solicitação, resistência e probabilidade de ruína*

Referências Bibliográficas

ABEF – Associação Brasileira de Empresas de Engenharia de Fundações e Geotecnia. *Manual de especificações de produtos e procedimentos*. 3. ed. São Paulo: Pini, 2004.

ABNT – Associação Brasileira de Normas Técnicas. NBR 6122: *Projeto e execução de fundações*. Rio de Janeiro: ABNT, 1996.

ABNT – Associação Brasileira de Normas Técnicas. NBR 6484: *Solo – Sondagens de simples reconhecimento – Método de Ensino*. Rio de Janeiro: ABNT, 2001.

ABNT – Associação Brasileira de Normas Técnicas. NBR 6122: *Projeto e execução de fundações*. Rio de Janeiro: ABNT, 2010.

ALONSO, U. R. Correlações entre resultados de ensaios de penetração estática e dinâmica para a Cidade de São Paulo. *Solos e Rochas*, v. 3, n. 3, p. 19-25, 1980.

ALONSO, U. R. *Dimensionamento de fundações profundas*. São Paulo: Edgard Blücher, 1989.

ALONSO, U. R. Estacas pré-moldadas. In: HACHICH et al. (eds.). *Fundações: teoria e prática*. 2. ed. São Paulo: Pini, 1998a. p. 373-399.

ALONSO, U. R. Estacas injetadas. In: HACHICH et al. (eds.). *Fundações: teoria e prática*. 2. ed. São Paulo: Pini, 1998b. p. 361-372.

ANG, A. H. S.; TANG, W. H. *Probability concepts in engineering planning and design*: decision, risk and reliability. New York: John Wiley & Sons, 1984. v. 2.

ANTUNES, W. R.; CABRAL, D. A. Capacidade de carga de estacas hélice contínua. In: SEMINÁRIO DE ENGENHARIA DE FUNDAÇÕES ESPECIAIS E GEOTECNIA, 3., 1996, São Paulo. *Anais...* São Paulo, 1996. v. 2. p. 105-109.

ANTUNES, W. R.; TAROZZO, H. Estacas tipo hélice contínua. In: HACHICH et al. (eds.). *Fundações: teoria e prática*. 2. ed. São Paulo: Pini, 1998. p. 345-348.

AOKI, N. Esforços horizontais em estacas de pontes provenientes da ação de aterros de acesso. In: CONGRESSO BRASILEIRO DE MECÂNICA DOS SOLOS E ENGENHARIA DE FUNDAÇÕES, 4., 1970, Rio de Janeiro. *Anais...* Rio de Janeiro, 1970. v. 1. Tomo I. p. V-1-V-21.

AOKI, N. *Considerações sobre projeto e execução de fundações profundas*. Palestra proferida no Seminário de Fundações, Sociedade Mineira de Engenharia, Belo Horizonte, 1979.

AOKI, N. *Previsão da curva carga-recalque*. Palestra proferida na Escola de Engenharia de São Carlos - USP, São Carlos, 1984.

AOKI, N. *Prática de fundações em estacas pré-moldadas em terra*. Palestra proferida no curso "Pile Foundations for Offshore Structures". Rio de Janeiro, COPPE-UFRJ, 1985.

AOKI, N. Segurança e confiabilidade de fundações profundas. In: CONGRESSO BRASILEIRO DE PONTES E ESTRUTURAS, 2005, Rio de Janeiro. *Anais...* Rio de Janeiro, 2005. v. 1. p. 1-15.

AOKI, N. Dogma do fator de segurança. In: SEMINÁRIO DE ENGENHARIA DE FUNDAÇÕES ESPECIAIS E GEOTECNIA, 6., 2008, São Paulo. *Anais...* São Paulo, 2008. v. 1. p. 9-42.

AOKI, N.; ALONSO, U. R. Previsão e comprovação da carga admissível em estacas. Workshop ministrado no Instituto de Engenharia de São Paulo. Revista *Engenharia*, São Paulo, Instituto de Engenharia, n. 496/1993, p. 17-26, 1991.

AOKI, N.; CINTRA, J. C. A. Influência da variabilidade do maciço de solos no comprimento de estacas. In: SEMINÁRIO DE ENGENHARIA DE FUNDAÇÕES ESPECIAIS E GEOTECNIA, 3., 1996, São Paulo. *Anais...* São Paulo, 1996. v. 1. p. 173-184.

AOKI, N.; CINTRA, J. C. A. Carga admissível e carga característica de fundações por estacas. *Solos e Rochas*, v. 23, n. 2, p. 137-142, 2000.

AOKI, N.; CINTRA, J. C. A. Carga admissível e carga característica de fundações por estacas – discussão. *Solos e Rochas*, v. 24, n. 2, p. 183-184, 2001.

AOKI, N.; CINTRA, J. C. A.; MENEGOTTO, M. L. Segurança e confiabilidade de fundações profundas. In: CONGRESSO NACIONAL DE GEOTECNIA, 8., 2002, Lisboa. *Anais...* Lisboa, 2002. v. 2. p. 797-806.

AOKI, N.; LOPES, F. R. Estimating stresses and settlements due to deep foundations by the theory of elasticity. In: PANAMERICAN CONFERENCE ON SOIL MECHANICS AND FOUNDATIONS ENGINEERING, 5., 1975, Buenos Aires. *Proceedings...* Buenos Aires, 1975. v. 1. p. 377-386.

AOKI, N.; VELLOSO, D. A. An Approximate method to estimate the bearing capacity of piles. In: PANAMERICAN CONFERENCE ON SOIL MECHANICS AND FOUNDATIONS ENGINEERING, 5., 1975, Buenos Aires. *Proceedings...* Buenos Aires, 1975. v. 1. p. 367-376.

BROMS, B. B. Methods of calculating the ultimate bearing capacity of piles. *Sols Soils*, Paris, n. 18-19, p. 21-31, 1966.

CABRAL, D. A. O uso da estaca raiz como fundação de obras normais. In: CONGRESSO BRASILEIRO DE MECÂNICA DOS SOLOS E ENGENHARIA DE FUNDAÇÕES, 8., 1986, Porto Alegre. *Anais...* Porto Alegre, 1986. v. 6. p. 71-82.

CABRAL, D. A.; ANTUNES, W. R. Sugestão para a determinação de capacidade de carga de estacas escavadas embutidas em rocha. In: SEMINÁRIO DE ENGENHARIA DE FUNDAÇÕES ESPECIAIS E GEOTECNIA, 4., 2000, São Paulo. *Anais...* São Paulo, 2000. v. 2. p. 169-177.

CAMPELO, N. S. Capacidade de carga de fundações tracionadas. *Monografia Geotécnica* n. 6, Escola de Engenharia de São Carlos - USP, 1995.

CARDOSO, A. S.; FERNANDES, M. M. Characteristic values of ground parameters and probability of failure in design according to Eurocode 7. *Geotechnique*, v. 51, n. 6, p. 519-531, 2001.

CHEN, Z. C.; XU, H.; WANG, J. H. *Cap pile interactions of pile groups*. Second deep foundations on bored and augered piles, Ghent, Bélgica, p. 133-141, 1993.

CINTRA, J. C. A. *Carregamento lateral em estacas*. São Carlos-SP: Serviço Gráfico da EESC-USP, 1982.

CINTRA, J. C. A. *Comportamento de modelos instrumentados de grupos de estacas cravadas em areia*. 1987. 117 f. Tese (Doutorado) – Escola de Engenharia de São Carlos - USP, São Carlos, 1987.

CINTRA, J. C. A. *Fundações em solos colapsíveis*. São Carlos-SP: Serviço Gráfico da EESC-USP, 1998.

Referências Bibliográficas

CINTRA, J. C. A. ; ALBIERO, J. H. L'Effet de groupe sur modèles de pieux enfoncés dans le sable. In : INTERNATIONAL CONFERENCE ON SOIL MECHANICS AND FOUNDATIONS ENGINEERING, 12., 1989, Rio de Janeiro. *Proceedings...* Rio de Janeiro, 1989. v. Especial. p. 5-6.

CINTRA, J. C. A. ; AOKI, N. *Carga admissível em fundações profundas*. São Carlos-SP: Publicação EESC-USP, 1999.

CINTRA, J. C. A.; AOKI, N. *Projeto de fundações em solos colapsíveis.* São Carlos-SP: Serviço Gráfico da EESC-USP, 2009.

DANZIGER, B. R.; VELLOSO, D. A. Correlações entre SPT e os resultados dos ensaios de penetração contínua. In: CONGRESSO BRASILEIRO DE MECÂNICA DOS SOLOS E ENGENHARIA DE FUNDAÇÕES, 8., 1986, Porto Alegre. *Anais...* Porto Alegre, 1986. v. 6. p. 103-113.

DÉCOURT, L. Prediction of the bearing capacity of piles based exclusively on values of the SPT. In: EUROPEAN SYMPOSIUM ON PENETRATING TEST, 2., 1982, Amsterdam. *Proceedings...* Amsterdam, 1982. v. 1. p. 29-34.

DÉCOURT, L. Análise e projeto de fundações profundas: estacas. In: HACHICH et al. (eds.). *Fundações: teoria e prática.* São Paulo: Pini, 1996. p. 265-301.

DÉCOURT, L.; QUARESMA, A. R. Capacidade de carga de estacas a partir de valores SPT. In: CONGRESSO BRASILEIRO DE MECÂNICA DOS SOLOS E ENGENHARIA DE FUNDAÇÕES, 6., 1978, Rio de Janeiro. *Anais...* Rio de Janeiro, 1978. v. 1. p. 45-54.

FALCONI, F. F.; SOUZA FILHO, J.; FÍGARO, N. D. Estacas escavadas sem lama bentonítica. In: HACHICH et al. (eds.). *Fundações: teoria e prática.* 2. ed. São Paulo: Pini, 1998. p. 336-344.

GODOY, N. S. *Fundações.* Notas de Aula, Curso de Graduação, Escola de Engenharia de São Carlos - USP, 1972.

GODOY, N. S. *Estimativa da capacidade de carga de estacas a partir de resultados de penetrômetro estático.* Palestra proferida na Escola de Engenharia de São Carlos - USP, 1983.

JANBU, N. Soil compressibility as determined by oedometer and triaxial tests. In: EUROPEAN CONFERENCE ON SOIL MECHANICS AND FOUNDATIONS ENGINEERING, 3., 1963, Weisbaden, Germany. *Proceedings...* Weisbaden, 1963. v. 1. p. 19-25.

LUMB, P. The variability of natural soils. *Canadian Geotechnical Journal*, v. 3, n. 2, p. 74-97, 1966.

MAIA, C. M. M. Estacas tipo Franki. In: HACHICH et al. (eds.). *Fundações: teoria e prática.* 2. ed. São Paulo: Pini, 1998. p. 329-336.

MEDRANO, M. L. O. Contribuição ao estudo da probabilidade de ruína em fundações com estacas de concreto pré-moldado centrifugado. In: SEMINÁRIO DE ENGENHARIA DE FUNDAÇÕES ESPECIAIS E GEOTECNIA, 6., 2008, São Paulo. *Anais...* São Paulo, 2008. v. 1. p. 163-174.

MELLO, V. F. B. The Standard Penetration Test. In: PANAMERICAN CONFERENCE ON SOIL MECHANICS AND FOUNDATIONS ENGINEERING, 4., 1971, Puerto Rico. *Proceedings...* Puerto Rico, 1971. v. 1, p. 1-86.

MEYERHOF, G. G. Safety factors in soil mechanics. In: INTERNATIONAL CONFERENCE ON SOIL MECHANICS AND FOUNDATIONS ENGINEERING, 7., 1969, México. *Proceedings...* México, 1969. v. 3. p. 479-481.

MEYERHOF, G. G. Bearing capacity and settlement of pile foundations. The Eleventh Terzaghi Lecture, *Journal of the Geotechnical Engineering Division*, v. 102, n. GT3, p. 195-228, 1976.

MORETTO, O. Nota do tradutor. In: TERZAGHI, K; PECK, R. B. *Mecanica de suelos en la ingenieria practica*. Buenos Aires: Editorial El Ateneo, 1972. p. 526-528.

SAES, J. L. Estacas escavadas com lama bentonítica. In: HACHICH et al. (eds.). *Fundações*: teoria e prática. 2. ed. São Paulo: Pini, São Paulo, 1998. p. 348-360.

SENNA JR., R. S.; CINTRA, J. C. A. Análise da distribuição de carga em grupos de estacas escavadas. In: CONGRESSO BRASILEIRO DE MECÂNICA DOS SOLOS E ENGENHARIA DE FUNDAÇÕES, 10., 1994, Foz do Iguaçu. *Anais...* Foz do Iguaçu, 1994. v. 1. p. 19-26.

SILVA, F. C. *Análise de segurança e confiabilidade de fundações profundas em estacas*. 2003. Dissertação (Mestrado) – Escola de Engenharia de São Carlos - USP, São Carlos, 2003. 2 v.

SKEMPTON, A. W. The bearing capacity of clays. In: BUILDING RESEARCH CONGRESS, 1951, London. *Proceedings...* London, 1951. v. 1. p. 180-189.

TEIXEIRA, A. H. Projeto e execução de fundações. In: SEMINÁRIO DE ENGENHARIA DE FUNDAÇÕES ESPECIAIS E GEOTECNIA, 3., 1996, São Paulo. *Anais...* São Paulo, 1996. v. 1. p. 33-50.

TEIXEIRA, A. H.; GODOY, N. S. Análise, projeto e execução de fundações rasas. In: HACHICH et al. (eds.). *Fundações*: teoria e prática. São Paulo: Pini, 1996. p. 227-264.

TERZAGHI, K. *Theoretical soil mechanics*. New York: John Wiley & Sons, 1943.

TOMLINSON, M. J. The adhesion of piles driven in clay soils. In: INTERNATIONAL CONFERENCE ON SOIL MECHANICS AND FOUNDATIONS ENGINEERING, 4., 1957, London. *Proceedings...* London, 1957. v. 2, p. 66-71.

VAN DER VEEN, C. The bearing capacity of a pile. In: INTERNATIONAL CONFERENCE ON SOIL MECHANICS AND FOUNDATIONS ENGINEERING, 3., 1953, Zurich. *Proceedings...* Zurich, 1953. v. 2. p. 84-90.

VELLOSO, D. A.; LOPES, F. R. *Fundações*. v. 2: Fundações profundas. Rio de Janeiro: COPPE-UFRJ, 2002.

VELLOSO, P. P. C. *Fundações*: aspectos geotécnicos. 3. ed. Rio de Janeiro: PUC-RJ, 1981. v. 3. p. 467-469.

VESIC, A. S. Ultimate loads and settlements of deep foundations in sand. In: SYMP. ON BEARING CAPACITY AND SETTLEMENT OF FOUNDATIONS, 1967, Durham, Duke University, U.S.A. *Proceedings...* Durham, 1967a. p. 53-68.

VESIC, A. S. A study of bearing capacity of deep foundations. *Final Report*, Project B-189, Georgia Institute of Technology, Atlanta - Georgia, 1967b.

VESIC, A. S. Principles of pile foundation design. *Soil Mechanics Series*, n. 38, School of Engineering, Duke University, 1975.

WHITMAN, R. V. Evaluating calculated risk in geotechnical engineering. The Seventeenth Terzaghi Lecture, *Journal of Geotechnical Engineering*, ASCE, v. 110, n. 2, p. 145-188, 1984.